溫故知新

온 고 지 신

정보통신기사

실기(필답형) N제

저자

김태형

단국대학교 대학원 ICT융합공학 전공
한국방송통신대학교 정보과학 석사
숭실대학교 정보통신전자공학 학사

온고지신

정보통신기사 실기 N제

2010 ~ 2024

15개년 필답형

☞ 머리말 ☜

정보통신기사 실기 합격을 위한 가장 좋은 방법은, 충분한 시간을 갖고 정보통신 전공 서적을 정독하며 문제풀이를 겸하는 것이다. 그러나 수험생에게 있어 충분한 시간이란 존재하지 않는다. 다시 말해 수많은 전공 서적을 읽으면서 시험을 대비하는 것은, 합격이 급한 수험생 입장에서는 지름길이 아니라고 생각한다. 철저한 학습을 통한 시험 대비가 중요하긴 하지만, 상황에 따라서는 이를 다르게 준비할 필요도 있다고 본다. 결국 무엇보다도 수험생이 해당 시험의 합격을 위해서 우선적으로 해야 할 일은, 출제기관의 연도별 기출문제를 꼼꼼히 학습하는 것이다. 왜냐하면 정보통신기사 실기 기출문제(비공개)는, 해당 출제기관의 의도를 파악할 수 있는 고급 자료이기 때문이다. 2022년을 기준으로 새롭게 개정된 정보통신기사 실기 시험에서도 해당 교재의 학습은 필수라고 본다.

☞ 정보통신기사 문제 유형별 학습 방법은 다음과 같다.

서술 문제의 경우 반드시 문제와 정답을 연계하는 키워드 중심의 학습을 지향한다. 다독과 정독을 바탕으로 체화시키도록 한다.

원어 문제의 경우 해당 단어들을 소리 내어 읽어본다. 자연히 외워졌다고 생각이 들면, 관련 단어들을 서술하는 연습을 한다.

계산 문제의 경우 풀이를 참고하여 완전히 이해와 암기를 해야 한다. 막힘 없이 문제 해결이 가능한 수준이 될 때까지 반복한다.

실무 문제의 경우 해당 이미지가 출력되는 명령어들을 컴퓨터에 입력하고 본인이 직접 그 결과를 확인하도록 한다.

정보통신기사 실기 출제 기준

직무 분야	정보통신 (통신)	자격 종목	정보통신기사	적용 기간	2022.1.1~2024. 12.31	
○직무내용 : 정보통신 기술과 제반지식을 바탕으로 정보통신설비와 이에 기반한 정보시스템의 설계, 시공, 감리, 운용 및 유지보수 등의 업무를 수행하고, 음·복합 통신서비스를 제공하는 직무이다.						o (적용기간) 적용기간 도래 o (직무내용) 현행 실무에 맞추어 직무내용 변경
실기검정방법		필답형: 주관식 필기 15~20문제		시험 시간	2시간	

		개 정		개정사유
필기과목명	주요항목	세부항목	세세항목	
정보통신실무	1. 교환시스템 기본설계 (2002010102_14v2)	1. 교환설비 기본 설계 (2002010102_14v2.1)	1. 통신 시스템 구성하기 - 유선·무선·광 설비 구성하기 - 전송 시스템 구성하기	o 정보통신공사의 종류에 해당하는 각종 시스템 구성에 필요한 사항 o 구 1-1-1 - 3의 설비를 통합 o 전송 시스템 추가
			2. 전원회로 구성하기 - 정류회로, 평활회로, 전원 안정화회로	o 디지털전자회로에서 이동
		2. 망 관리 (2002030206_13v1.3)	1. 가입자망 구성하기	
			2. 교환망(라우팅) 구성하기	o 용어 현행화
			3. 전송망 구성하기	
			4. 구내통신망 구성하기	
	2. 네트워크구축공사 (2002010305_14v2)	1. 네트워크 설치 (2002010305_14v2.4)	1. 근거리통신망(LAN) 구축하기	
			2. 라우팅프로토콜 활용하기	
			3. 네트워크 주소 부여하기	
			4. ACL/VLAN/VPN 설정하기	o 네트워크 보안 사항 추가
		2. 망관리시스템 운용 (2002030206_13v1.5)	1. 망관리시스템 운용하기	
			2. 망관리 프로토콜 활용하기	
		3. 보안 환경 구성 (2002030207_13v1.2)	1. 방화벽 설치 및 설정하기	o 보안시스템을 방화벽으로 용어를 구체적 명시
			2. 방화벽 등 보안시스템 운용하기	
	3. 구내통신구축 공사 관리 (2002010204_16v3)	1. 설계보고서 작성 (2002010202_14v2.2)	1. 공사계획서 작성하기	o 공사계획서와 설계도서 작성하기로 분리
			2. 설계도서 작성하기 - 도면, 원가내역서, 용량산출, 시방서 등 작성하기	o 용어 정리 및 설계의 구체적 사항 명시
			3. 인증제도 적용하기 - 초고속정보통신건물 - 지능형 홈네트워크	o 인증제도 구체적 명시

		2. 설계단계의 감리 업무 수행 (2002010208_14v2.1)	1. 정보통신공사 시공, 감리, 감독하기	
			2. 정보통신공사 시공관리, 공정 관리, 품질관리, 안전관리하기	
	4. 구내통신 공사품질 관리 (2002010207_14v2)	1. 단위시험 (2002020107_14v2.3)	1. 성능 측정 및 시험방법	
			2. 측정결과 분석하기	
		2. 유지보수 (2002010309_14v2.2)	1. 유지보수하기	
			2. 접지공사, 접지저항 측정하기	

한국방송통신전파진흥원 자격검정본부

2025년에도 위의 출제 기준을 적용

♣ 목차 ♣

핵심
정보통신

敍述問題

001. 보기에 기재된 OSI 7계층을 상위 계층과 하위 계층으로 구분하시오.

보기

① 데이터링크 계층	② 세션 계층	③ 네트워크 계층
④ 전송 계층	⑤ 표현 계층	⑥물리 계층	⑦응용 계층

▶ 상위 계층 => ② / ⑤ / ⑦

▶ 하위 계층 => ⑥ / ① / ③ / ④

필수 암기

< OSI 7계층 >

상위) 7계층	응용 계층(Application Layer)
상위) 6계층	표현 계층(Presentation Layer)
상위) 5계층	세션 계층(Session Layer)
하위) 4계층	전송 계층(Transport Layer)
하위) 3계층	네트워크 계층(Network Layer)
하위) 2계층	데이터링크 계층(Datalink Layer)
하위) 1계층	물리 계층(Physical Layer)

002. 회선 교환 방식에서 수행되는 데이터 통신의 3단계 과정을 순차적으로 적으시오.

▶ 회선 설정 → 데이터 전송 → 회선 해제

003. 광섬유 케이블에 관한 다음의 질문에 대해서 각각 알맞은 말을 적으시오.

① 광전송과 관련된 법칙이 무엇인지 적으시오.
답) 스넬의 법칙

② 발광소자 2종류를 적으시오.
답) LD, LED

③ 수광소자 2종류를 적으시오.
답) PD, APD

④ 재료분산과 구조분산이 상쇄되어 파장 분산 값이 0이 되게 하는 레이저의 파장 대역을 적으시오.
답) 1310 nm

004. 아날로그 계측기와 비교했을 때, '디지털 계측기'의 우수한 점 5가지를 서술하시오.

① 높은 신뢰도
② 높은 정확도
③ 우수한 분해능(分解能)
④ 자료처리의 우수함
⑤ 취급 및 사용이 편함

005. OSI 7계층 중 '암호화 및 데이터 압축'과 관련이 있는 계층은 무엇인지 서술하시오.

▶ 표현 계층

006. 회선의 접속 형태에 따른 네트워크 토폴로지(Network Topology) 5가지 유형에 관하여 적으시오.

① 링 토폴로지(=링형)
② 스타 토폴로지(=성형)
③ 메시 토폴로지(=망형)
④ 트리 토폴로지(=계층형)
⑤ 버스 토폴로지(=버스형)

관련 지식(Related Knowledge)
각 네트워크 토폴로지의 장·단점은 다음과 같다.

① 링 토폴로지(=링형)

장점	노드 증가 시 신호 감소가 적음
단점	노드의 추가 및 삭제 등의 변경이 어렵다.

② 스타 토폴로지(=성형)

장점	장애 발견 및 수리가 용이하다.
단점	중앙 시스템에 장애 발생 시 모든 네트워크에 영향을 준다.

③ 메시 토폴로지(=망형)

장점	특정 회선에 장애 발생 시 다른 회선으로 데이터 전송이 가능
단점	많은 통신 회선의 사용으로 설치비용이 비싸다.

④ 트리 토폴로지(=계층형)

장점	케이블 구성이 간단하고 관리 및 확장이 쉬움
단점	특정 노드에 트래픽 집중 시 통신 속도가 저하된다.

⑤ 버스 토폴로지(=버스형)

장점	설치비용이 저렴하며 구축이 간단하다.
단점	주 선로에 장애 발생 시 모든 네트워크에 영향을 준다.

007. 보기의 OSI 7계층 설명을 읽고 각각에 해당하는 계층 이름을 적으시오.

보기

(가)	데이터 압축 및 암호화 기능
(나)	데이터 전송에서 경로 설정 기능 제공
(다)	프레임 제어 기능

(가) 표현 계층
(나) 네트워크 계층
(다) 데이터링크 계층

필수 암기

< OSI 7계층 >

상위) 7계층	응용 계층(Application Layer)
상위) 6계층	표현 계층(Presentation Layer)
상위) 5계층	세션 계층(Session Layer)
하위) 4계층	전송 계층(Transport Layer)
하위) 3계층	네트워크 계층(Network Layer)
하위) 2계층	데이터링크 계층(Datalink Layer)
하위) 1계층	물리 계층(Physical Layer)

응용 계층(Application Layer) ☞ 전자우편 및 파일전송 등의 서비스를 제공

표현 계층(Presentation Layer) ☞ 데이터 압축 및 암호화 기능

세션 계층(Session Layer) ☞ 로그인·로그아웃, 동기화 기능을 수행

전송 계층(Transport Layer) ☞ 네트워크 종단 간 투명한 데이터 전송

네트워크 계층(Network Layer) ☞ 데이터 전송에서 경로 설정 기능 제공

데이터링크 계층(Datalink Layer) ☞ 오류제어 및 흐름제어 기능

물리 계층(Physical Layer) ☞ 기계적·기능적·전기적 특성을 정의

008. 다음은 네트워크 관리 구성모델에서 매니저(Manager)의 프로토콜 구조이다. 각 계층에 적합한 요소를 보기에서 찾아 표의 빈칸을 채우시오.

보기

| ① TCP | ② IP | ③ PHYSICAL | ④ MAC | ⑤ UDP | ⑥ SNMP |

표

문제	계층
	응용계층
	전송계층
	네트워크 계층
	데이터링크 계층
	물리 계층

정답 표

정답	계층
⑥ SNMP	응용계층
① TCP / ⑤ UDP	전송계층
② IP	네트워크 계층
④ MAC	데이터링크 계층
③ PHYSICAL	물리 계층

추가 유형 문제
SNMP 약어의 원어를 서술하시오. Simple Network Management Protocol

다음의 프로토콜은 각각 OSI 7계층 중에서 어디에 속하는지 적으시오.
(가) RS-232C
(나) HDLC
답) (가) RS-232C [물리 계층] / (나) HDLC [데이터링크 계층]

009. 광섬유의 장·단점을 빈칸 (가), (나)에 서술하시오.

보기

장점	단점
보안성이 우수하고 가격이 저렴한 편이다.	고장 시 복구가 쉽지 않다.
(가)	(나)

정답

장점	단점
보안성이 우수하고 가격이 저렴한 편이다.	고장 시 복구가 쉽지 않다.
부피가 작고 가볍다. 전송 대역폭이 넓다.	구부러짐으로 인한 손실 발생

010. 광섬유(Optical Fiber)의 기본 성질을 표시하는 광학적 파라미터 5가지에 관해 서술하시오.

① 개구수
② 수광각
③ 비굴절률 차
④ 규격화 주파수
⑤ 굴절률 분포계수

추가 유형 문제
광섬유(Optical Fiber)의 구조적 파라미터 3가지를 적으시오.

답) 균경률, 비원율, 편심률

011. CSMA/CA와 관련한 IFS(Inter Frame Space)의 종류 3가지를 적은 후 우선순위가 높은 순서로 ①번부터 ③번까지 서술하시오.

① SIFS(=Short Inter Frame Space)
② PIFS(=PCF Inter Frame Space)
③ DIFS(=DCF Inter Frame Space)

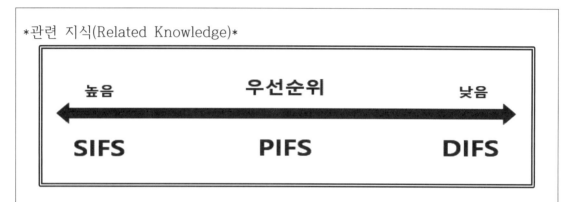

관련 지식(Related Knowledge)
IFS 관련하여 우선순위가 가장 높다는 것은, 대기 지연 시간이 가장 짧다는 것과 같은 의미이다.

012. FTTH는 초고속 인터넷 설비 방식 중 하나에 해당한다. FTTH와 관련해 송신측에서 사용되는 발광소자 2종류를 적으시오.

① LD(Laser Diode)
② LED(Light Emitting Diode)

관련 지식(Related Knowledge)
발광소자는 전기신호를 광(빛) 신호로 변환시키는 소자를 의미한다.
수광소자는 광 신호를 전기신호로 변환시키는 소자를 의미한다.

추가 유형 문제
FTTH(Fiber To The Home)와 관련 있는 수광소자 2종류를 서술하시오.

답) PD(Photo Diode), APD(Avalanche Photo Diode)

013. 보기를 참조하여 광섬유 절단방법 순서를 알맞게 배치하시오.

보기

> ① 광섬유의 피복(코팅)을 제거한다.
>
> ② 광섬유를 절단한다.
>
> ③ 광섬유를 알코올로 닦도록 한다.
>
> ④ 광섬유 절단기를 청소하도록 한다.

▶ 정답 ①-③-②-④

014. 침입방지 시스템(IPS)의 2가지 유형에 대해서 서술하시오.

① 네트워크 기반 침입방지 시스템(Network-based IPS)
② 호스트 기반 침입방지 시스템(Host-based IPS)

015. 분산은 광섬유의 전송 특성을 결정하는 요소이다. 분산의 종류 3가지에 대해서 서술하시오.

① 재료 분산
② 구조 분산
③ 모드 분산

016. NAT(=Network Address Translation)에 대해 간략히 설명하시오.

▶ 사설 IP주소와 공인 IP주소를 상호 변환하는 기능

017. 다음의 용어를 살펴보고 각각에 대해서 간단하게 설명하시오.

① 반송파
=> 통신에서 정보의 전달을 위해 사용하는 고주파 전류

② 프로토콜
=> 컴퓨터 간 정보를 교환할 때의 통신방법에 관한 규약

③ 전용회선
=> 특정한 사용자들만 독점적으로 사용 가능한 통신회선

④ 논리 채널
=> 데이터 송·수신 장치 사이에 확립되는 논리적인 통신회선

⑤ 데이터링크
=> 데이터 송·수신 시스템 사이에서 정보의 전송을 위한 통신회선

018. 다음 보기의 빈칸 (A), (B), (C)에 각각 알맞은 단어를 적으시오.

보기

> 광섬유(Optical Fiber)는 전파모드에 따라서 **단일**모드(Single Mode)와 **다중**모드(Multi Mode)로 구분된다. 그리고 (A)모드는 (B)형과 (C)형으로 분류한다.

▶ (A) 다중 / (B) 언덕(=Graded Index) / (C) 계단(=Step Index)

019. 75Ω 동축케이블과 200Ω 동축케이블을 연결한 경우, 연결지점에는 어떤 현상이 발생하는지 서술하시오.

▶ 고스트 현상

020. 다음 보기의 빈칸 (가), (나)에 각각 알맞은 단어를 적으시오.

> OSI 7 계층 중 표현 계층의 데이터 압축(Data Compression) 방식은 정보의 손실 유무에 따라 (가)방식과 (나)방식으로 분류된다.

(가) 손실압축
(나) 무손실압축

021. CDMA 통신 시스템에서 역방향 채널의 종류 2가지를 서술하시오.

▶ 역방향 채널(이동 단말기 → 기지국)의 종류

① 액세스 채널
② 통화 채널

022. CDMA 통신 시스템에서 순방향 채널의 종류 4가지를 서술하시오.

▶ 순방향 채널(기지국 → 이동 단말기)의 종류

① 파일럿 채널
② 페이징 채널
③ 동기 채널
④ 통화 채널

023. 네트워크 확장을 위해 사용되는 관련 장치 2가지를 서술하시오.

① 스위치
② 라우터

024. 이더넷 프레임 구조와 관련한 각각의 질문에 대해 답변하시오.

① Type의 용도 및 할당된 바이트 수를 적으시오.
답) 상위 계층의 프로토콜 종류를 표시하기 위해 사용된다.
 2바이트가 할당된다.

② CRC의 용도 및 할당된 바이트 수를 적으시오.
답) 프레임의 오류 검출을 위해 사용된다.
 4바이트가 할당된다.

관련 지식(Related Knowledge)
이더넷 프레임(Ethernet Frame)은 일반적으로 아래와 같이 구성되어 있다.

Preamble	SFD	Destination Address	Source Address	Type (Length)	Data	FCS (CRC)
7바이트	1바이트	6바이트	6바이트	2바이트	46~1500 바이트	4바이트

---

025. 통신 신호의 전송 품질을 저하시키는 잡음의 종류 3가지를 서술하시오.

① 열 잡음
② 유도 잡음
③ 충격성 잡음

---

026. 프로토콜 분석기(Protocol Analyzer)의 주요 기능 3가지를 서술하시오.

① 네트워크 모니터링
② 데이터 트래픽 캡처 및 저장
③ 통신 프로토콜 디코딩 및 분석

027. LAP-B 프레임 구조와 관련하여 빈칸을 완성하시오.

Flag	(Ⓐ)	제어	정보데이터	(Ⓑ)	Flag
1 바이트	1 바이트	1 바이트	128~4096	2 바이트	1 바이트

▶ Ⓐ => 주소

▶ Ⓑ => FCS

추가 유형 문제
LAP-B(Link Access Procedure-Balanced)에 대해 간략하게 서술하시오.
답) LAP-B는 HDLC 프로토콜로부터 X.25 인터페이스 표준 기반의 패킷 교환을 위해 개발된 비트 중심 프로토콜

관련 지식(Related Knowledge)
LAP-B 프레임 구조에서 표현되는 각 구성 요소들의 비트수(8bit = 1Byte)

Flag	주소	제어	정보데이터	FCS	Flag
8bit	8N bit	8bit / 16bit	가변적	16bit / 32bit	8bit

▷기본모드

8bit	8bit	8bit	가변적	16bit	8bit

▷확장모드

8bit	16bit (8N bit)	16bit	가변적	32bit	8bit

주소 비트의 경우 8N bit 형태이며 기본모드에서는 8bit로 표현된다. 그리고 확장모드에서는 16bit 또는 8N bit로 확장 표현을 쓸 수 있다. 문제를 풀려고 할 때, 확장모드라는 말이 없다면 기본모드로 생각하고 문제에 접근하기를 권유한다.

관련 문제
다음 HDLC Frame 구조의 빈칸 (가), (나), (다)를 채우시오.

시작 Flag	주소부	제어부	정보부	(나)	종료 Flag
01111110	(가)	8bit	임의의 bit	(다)	8bit

▶ (가) 8bit / (나) FCS / (다) 16bit

028. 인터넷 표준 프로토콜이라 할 수 있으며, 다른 기종 컴퓨터 간의 데이터 전송을 위해 규약을 체계적으로 관리 및 정리하는 것은 무엇인지 서술하시오.

▶ TCP/IP

029. OSI 7계층 중 표현 계층의 기능 4가지를 서술하시오.

① 데이터 압축
② 데이터 암호화
③ 코드 변환
④ 포맷 변환

030. 보기를 통해 무엇에 관한 설명인지 서술하시오.

보기

TCP/IP 4계층 중 응용계층에 해당하는 프로토콜의 한 종류이며, 인터넷에서 전자우편을 전송할 때 사용하는 표준 통신 규약이다.

▶ SMTP(Simple Mail Transfer Protocol)

031. 국제표준의 접지설계 방식에 의한 현장 특화된 접지시스템 3가지를 서술하시오.

① 계통접지
② 보호접지
③ 피뢰시스템접지

종별 접지방식(1종 접지, 2종 접지, 3종 접지, 특3종 접지)은 폐지되었다.

032. ARQ(Automatic Repeat Request)의 종류 4가지를 적으시오.

① Stop-and-Wait ARQ(=정지대기방식 ARQ)
② Go-Back-N ARQ(=연속적 ARQ)
③ Selective-Repeat ARQ(=선택적 ARQ)
④ Adaptive ARQ(=적응적 ARQ)

추가 유형 문제
ARQ, 정지대기방식 ARQ, 연속적 ARQ, 선택적 ARQ, FEC에 대해 정의하시오.
▷ ARQ
데이터 전송 시 오류가 생기면 해당 데이터를 재전송 받아 오류를 복구하는 방식

▷ 정지대기방식 ARQ
한 번에 한 개의 프레임을 전송한 후, 수신측의 ACK 또는 NAK를 기다리는 방식

▷ 연속적 ARQ
프레임을 전송한 후 오류가 발생하면, 오류가 발생한 프레임부터 재전송하는 방식

▷ 선택적 ARQ
프레임을 전송한 후 오류가 발생하면, 오류가 발생한 프레임만 재전송하는 방식

▷ FEC(Forward Error Correction)
통신 선로상 발생한 비트 오류를 수신된 정보들을 바탕으로 정정하는 부호화 방식

033. VoIP 서비스 방식과 관련하여 대표적인 3가지를 적으시오.

① PC to PC
② PC to Phone
③ Phone to Phone

추가 유형 문제
VoIP 약어의 원어를 서술하시오. 답) Voice over Internet Protocol

VoIP에서 사용되는 프로토콜 종류 3가지를 서술하시오.
답) H.323 / SIP / MGCP

034. 다음은 정보통신망의 3대 동작 기능에 관해 설명한 것이다. (a), (b), (c) 빈칸에 알맞은 단어를 적으시오.

표

문제	동작 기능 설명
(a)	전기통신망에서 접속의 설정과 제어 및 관리에 대한 정보 교환 기능
(b)	데이터, 음성(Voice) 등의 정보를 실제로 전송 및 교환하는 기능
(c)	교환설비와 단말기 사이에, 네트워크 간 접속에 필요한 수단을 제어하는 기능

정답 표

문제	동작 기능 설명
(a) 신호 기능	전기통신망에서 접속의 설정과 제어 및 관리에 대한 정보 교환 기능
(b) 전달 기능	데이터, 음성(Voice) 등의 정보를 실제로 전송 및 교환하는 기능
(c) 제어 기능	교환설비와 단말기 사이에, 네트워크 간 접속에 필요한 수단을 제어하는 기능

035. 보기를 통해 무엇에 관한 설명인지 서술하시오.

보기

HDSL, SDSL, ISDN 등의 송수신 속도가 대칭을 이루는 전송장비에 사용되는 선로부호화 방식이다. 4개의 전압준위를 사용하며 각 펄스는 2 bit를 표현한다. 2 bit를 4단계의 진폭으로 구현하여 전송한다고 볼 수 있다.

▶ 2B1Q (2 Binary 1 Quaternary)

036. 다음의 그림은 공사계획서의 안전관리 조직도를 설명한다. 현장소장보다 상위에 위치하는 안전관리 책임자는 누구인지 (A)에 적합한 단어를 적으시오.

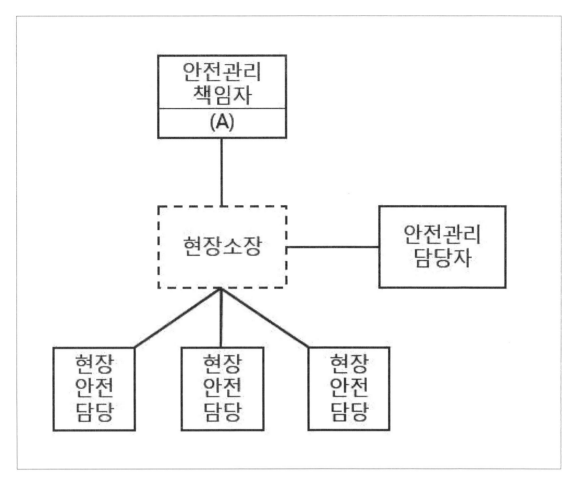

▶ (A) - 정보통신기술자 (또는 현장대리인)

037. **직접재료비와 간접재료비 각각에 대해서 설명하시오.**

① 직접재료비
=> 계약목적물의 실체를 형성하는 물품의 가치로서 주요재료비와 부분품비를 포함

② 간접재료비
=> 계약목적물의 실체를 형성하진 않으나 공사에 보조적으로 소비되는 물품의 가치로서 소모재료비, 소모공구 등을 포함

038. 기술계 엔지니어링기술자 등급 5가지를 서술하시오.

① 기술사
② 특급기술자
③ 고급기술자
④ 중급기술자
⑤ 초급기술자

039. 「정보통신공사업법」 시행령에 따른 감리원의 등급을 4가지로 구분하여 적으시오.

① 특급감리원
② 고급감리원
③ 중급감리원
④ 초급감리원

040. 「정보통신공사 감리업무 수행지침」과 관련하여 다음의 빈칸 (가)~(라)에 각각 알맞은 숫자를 적으시오.

보기

> 감리원은 공사업자가 작성·제출한 시공계획서 또는 사업관리계획서를 공사 착공일로부터 (가)일 이내에 제출받아 이를 검토·확인하여 (나)일 이내에 승인하여 시공하도록 하여야 하고, 시공계획서의 보완이 필요한 경우에는 그 내용과 사유를 문서로서 공사업자에게 통보하여야 한다. 그리고 감리원은 공사 착공일로부터 (다)일 이전에 공사업자로부터 공정관리계획서를 제출받아 제출받은 날부터 (라)일 이내에 검토하여 승인하고 발주자에게 제출하여야 한다.

(가) 30
(나) 7
(다) 30
(라) 14

041. 정보통신 공사를 위한 설계도면 4가지에 관해 서술하시오.

▶ 배관도, 배선도, 배치도, 접속도

042. 보기를 통해 무엇에 관한 설명인지 서술하시오.

보기

> 자신에게 연결되어 있는 소규모 회선들로부터 데이터를 모아서 고속으로 전송할 수 있는 대규모 전송회선 및 통신망을 의미한다. 소규모 LAN 또는 지선 LAN 상호 간의 통신량을 전송하는 대표 전송로이며, 네트워크의 기간망이라고 부르기도 한다.

▶ 백본(Backbone)망

043. 근거리 통신망(LAN) 구축 시, 검토해야 할 기술적인 사항 4가지를 서술하시오.

① 토폴로지
② 전송매체
③ 전송속도
④ 전송시스템 선정

044. 전기통신사업자를 2가지 유형으로 구분하여 적으시오.

▶ 기간통신사업자, 부가통신사업자

045. 전자교환기 입력 측 하이웨이의 Time Slot 순서와 출력 측 순서를 교환하기 위한 Time Switch 동작 방법 3가지를 서술하시오.

① SWRR(=Sequential Write Random Read)
② RWRR(=Random Write Random Read)
③ RWSR(=Random Write Sequential Read)

046. IPv4의 주요 특징 5가지를 적으시오.

① 32비트 주소길이
② 미흡한 QoS(Quality of Service)
③ 헤더 체크섬(CheckSum) 필드 있음
④ 취약한 보안 기능
⑤ 유니캐스트, 멀티캐스트, 브로드캐스트의 3가지 주소 유형

047. IPv6의 주요 특징(장점) 6가지를 적으시오.

① 128비트 주소길이
② 향상된 QoS(Quality of Service) 제공
③ 헤더 체크섬(CheckSum) 필드 없음
④ 강화된 보안 기능
⑤ 유니캐스트, 멀티캐스트, 애니캐스트의 3가지 주소 유형
⑥ 효율적인 이동성(Mobility) 지원

048. 정보통신 네트워크의 신뢰도를 향상시키기 위한 방안 5가지에 대해 서술하시오.

① NMS를 구현
② 다운타임 줄이기
③ Full-Mesh 토폴로지 구성
④ 정보의 기밀성·무결성·가용성 확보
⑤ 방화벽, IDS, IPS 등의 보안장비 도입

049. 다음의 표는 IPv4와 IPv6에 대한 비교를 나타낸 것이다. 빈칸에 알맞은 단어를 적으시오.

표

	IPv4	IPv6
주소 길이		
전체 주소 개수		
모바일 IP	지원불가	지원
QoS	미흡함	지원
보안 기능	미흡함	지원
헤더 포맷		
웹 캐스팅	어려움	용이함
Flow Label 방식		
Plug and Play 방식	지원불가	지원

정답 표

	IPv4	IPv6
주소 길이	32 bit	128 bit
전체 주소 개수	2^{32}(≒약 43억) 개	$2^{32} \times 2^{32} \times 2^{32} \times 2^{32}$ 개
모바일 IP	지원불가	지원
QoS	미흡함	지원
보안 기능	미흡함	지원
헤더 포맷	복잡함	단순함
웹 캐스팅	어려움	용이함
Flow Label 방식	지원불가	지원
Plug and Play 방식	지원불가	지원

050. 방송통신기자재 등의 전자파 적합성 평가를 위한 시험방법에서 전자파 장해실험(EMI)과 관련된 시험 항목을 서술하시오.

① 방사성 방출 시험
=> RE(Radiated Emission)

② 전도성 방출 시험
=> CE(Conducted Emission)

051. 전기통신망 및 서비스 계획·유지보수·관리를 위한 망에서 중앙관리(NMS) 주요 기능 5가지를 적은 후 각각에 대하여 간략하게 설명하시오.

① 계정관리(Account)
=> 서비스 사용 및 통계 관리

② 구성관리(Configuration)
=> 네트워크와 구성요소의 환경 설정 및 관리

③ 보안관리(Security)
=> 네트워크 접속 권한 검사 및 할당

④ 성능관리(Performance)
=> 네트워크 시스템 성능 감시 및 제어

⑤ 장애관리(Fault)
=> 네트워크 장애 알림 및 이력 관리

> NMS(Network Management System)는 기업 단위 네트워크 장비들에 대해 중앙 감시 등을 수행한다. 네트워크 모니터링과 분석, 연관 데이터를 보관하는 '망 감독·관리 시스템'이다.

052. 다음 표의 빈칸에 알맞은 명칭을 적고, 그에 대한 기능을 간략하게 설명하시오.

표

네트워크 계층
LLC 계층
물리 계층

정답 표

네트워크 계층
LLC 계층
MAC 계층
물리 계층

▶ MAC 계층
공유되는 전송 매체에 대한 접근 제어(LAN의 물리적 특성 적용)

053. 라우터(Router)의 기본 기능과 관련하여 3가지를 적으시오.

① 최적의 경로 설정
② 부하분산(=Load Balancing, 로드 밸런싱)
③ 패킷 스위칭(=Packet Switching)

054. 적응형 양자화기를 사용하는 PCM 전송 방식 2가지를 서술하시오.

① ADM(=Adaptive Delta Modulation)
② ADPCM(=Adaptive Differential Pulse Code Modulation)

055. 통신제어장치의 기능 5가지를 적으시오.

① 오류 검출
② 동기 제어
③ 전송 제어
④ 흐름 제어
⑤ 회선 제어

056. 주요 통신 방식 3가지를 서술하시오.

① 단방향 통신 방식
② 반이중 통신 방식
③ 전이중 통신 방식

057. 단일 전송로를 통한 전이중 통신 방식 3가지를 서술하시오.

① TDD(=Time Division Duplex)
② FDD(=Frequency Division Duplex)
③ Echo Canceler

058. 축적 교환 방식의 종류 2가지를 서술하시오.

① 메시지 교환 방식
② 패킷 교환 방식

059. 프로토콜이란 통신 시스템이 정보를 교환하기 위해 사용하는 통신 규약이다. 프로토콜을 구성하는 3가지 요소와 각각에 대해서 간략히 설명하시오.

① 구문(Syntax)
=> 데이터 형식, 부호화 등을 규정

② 의미(Semantics)
=> 오류 제어, 전송 제어 등을 규정

③ 타이밍(Timing)
=> 속도 조정, 데이터 순서 제어 등을 규정

060. 전송 장애의 주요 형태 3가지에 대해서 설명하시오.

① 잡음
=> 전송로에서 전송 신호에 혼입되는 불필요한 신호

② 신호 감쇠
=> 거리가 멀어질수록 전송 신호의 세기가 약해지는 현상

③ 지연 왜곡
=> 여러 주파수 간 전파속도 차이로 전송 신호가 일그러지는 현상

061. 재생 중계기의 핵심 기능에 대해서 3가지를 서술하시오.

① Retiming
② Reshaping
③ Regenerating

062. 이동통신 시스템에서 사용되는 핸드오버(또는 핸드오프)에 대해 간략히 설명하고 관련 종류 3가지를 서술하시오.

▶ 이동통신 가입자가 기지국 간 이동 중에도 계속적으로 통화를 가능하게 하는 기술

① 소프트 핸드오버(Soft Hand-over)
② 소프터 핸드오버(Softer Hand-over)
③ 하드 핸드오버(Hard Hand-over)

063. 패킷 교환망(Packet Switched Data Network, PSDN)의 기능을 3가지 서술하시오.

① 패킷 교환 기능
② 패킷 다중 기능
③ 패킷 조립·분해 기능

064. 패킷 (공중 데이터) 교환망에서 이용 가능한 패킷 교환방식 2가지를 서술하시오.

① 가상 회선 방식
② 데이터그램 방식

065. 가입자 댁내 접근정도에 따라 구별되는 광가입자망의 종류 4가지를 서술하시오.

① FTTC(=Fiber To The Curb)
② FTTH(=Fiber To The Home)
③ FTTO(=Fiber To The Office)
④ FTTP(=Fiber To The Premises)

066. 네트워크의 복잡화와 대형화로 인해 네트워크관리의 중요성이 증가하고 있다. 다음 보기의 빈칸 (가), (나), (다)에 각각 알맞은 단어를 적으시오.

보기

> (가)는 통신망(Network)을 구성하는 기능 요소 또는 개별 장비를 일컫는다.
> (나)는 다수의 장비로부터 정보를 수집, 제어, 관리 등을 통해 네트워크 운송을 지원하는 시스템을 말한다.
> (다)는 네트워크 운영지원 및 관련 장비들에 대해 총괄 감시·관리하는 시스템이다.

(가) NE(Network Element)

(나) EMS(Element Management System)

(다) NMS(Network Management System)

067. TCP/IP 4계층 중 인터넷 계층에서 사용하는 프로토콜의 종류를 4가지 적으시오.

① IP

② ICMP

③ IGMP

④ ARP

관련 지식(Related Knowledge)

TCP/IP 4계층 & 프로토콜	
응용 계층(Application)	FTP, SMTP, SNMP, TELNET
전송 계층(Transport)	TCP, UDP
인터넷 계층(Internet)	IP, ICMP, IGMP, ARP, RARP
네트워크 액세스 계층(Network Access)	FDDI, ATM, Ethernet

068. 다음은 HDLC 프레임 구조이다. 빈칸을 모두 채우시오.

보기

시작 Flag	주소부	제어부	정보부		종료 Flag
01111110			임의의 비트		01111110

정답

시작 Flag	주소부	제어부	정보부	FCS	종료 Flag
01111110	8bit	8bit	임의의 비트	16bit	01111110

069. xDSL(xDigital Subscriber Line)에 대해서 설명하고 관련 기술의 종류 4가지를 적으시오.

▶ xDSL

=> 전화선을 이용해 초고속 통신을 가능하게 하는 DSL의 종류를 총칭

① ADSL

② RADSL

③ SDSL

④ HDSL

070. 채널 용량(Channel Capacity)에 대해서 설명하시오.

=> 오류 없이 해당 채널을 통해 최대로 전송할 수 있는 정보량

071. 대지 저항률의 변화에 영향을 미치는 요인 3가지를 서술하시오.

① 온도
② 토양의 종류
③ 수분의 함유량

072. VAN(Value Added Network), 즉 부가가치통신망에 대하여 간략히 설명하시오.

▶ 정보의 전송 및 축적 등의 부가적인 서비스가 가능한 통신 체계

073. ATM의 QoS 파라미터 3가지에 대해서 서술하시오.

① CLR(=Cell Loss Ratio)
② CTD(=Cell Transfer Delay)
③ CDV(=Cell Delay Variation)

074. 서버, 라우터, 스위치 등의 네트워크 자원을 제어·감시하는 기능과 관련 있다. TCP/IP 기반에서 망관리를 위한 애플리케이션 계층 프로토콜을 뜻한다. 즉, 관리 대상과 관리 시스템 사이의 Management Information을 주고받기 위한 규정은 무엇인지 서술하시오.

▶ SNMP(Simple Network Management Protocol)

네트워크 운영지원 및 관련 장비들에 대해 총괄 감시·관리하는 시스템인 NMS랑 비슷한 것 같지만, SNMP는 규약(Protocol)이라는 것에 주의해야 한다.

---

075. USB의 원어를 기재하고 장점 및 단점을 서술하시오.

▶ USB(=Universal Serial Bus)

① 장점
=> 플러그 앤 플레이(Plug and Play) 기능 지원 및 핫 스와핑(Hot Swapping) 기능 지원

② 단점
=> 하나의 컨트롤러에 과다한 장치 연결은, 데이터의 전송 속도를 느려지게 만듦

076. 각각의 설명에 알맞은 명령어를 적으시오.

① 특정한 IP 주소 통신 장비의 접속성을 확인하기 위한 명령어
답) ping

② 지정된 호스트에 도착할 때까지 거치는 경로의 정보 및 각 경로에서의 지연 시간을 추적하는 명령어
답) tracert

> 본 교재의 [실무문제 파트]에 나열된 각 명령어의 출력 이미지를 반드시 참고하도록 한다.

077. 통신 품질 오류율과 관련한 3가지 유형과 원어를 서술하시오.

① BER(=Bit Error Rate)
② FER(=Frame Error Rate)
③ CER(=Character Error Rate)

078. 다음의 용어를 살펴보고 각각에 대해서 간단하게 설명하시오.

① MTBF(Mean Time Between Failure)
=> 평균 고장 간격. 즉, 고장에서 다음 고장까지의 시간을 의미함

② MTTR(Mean Time To Repair)
=> 평균 수리 시간. 즉, 고장 복구를 위한 시간을 의미함

③ MTTF(Mean Time To Failure)
=> 평균 고장 시간. 즉, 장비의 정상 가동 시간을 의미함

④ MTFF(Mean Time to First Failure)
=> 첫 고장 발생까지의 평균 시간을 의미함

⑤ 상기 용어를 활용하여 가동률의 공식을 적으시오.

$$\frac{MTBF}{MTBF + MTTR} \times 100\%$$

079. 전송제어장치의 구성요소 3가지를 서술하시오.

① 입출력 제어부
② 회선 제어부
③ 회선 접속부

080. XSS 취약점 예방을 위한 입력 검증 대응 방법 2가지를 적으시오.

① 스크립트 코드에 사용되는 특수문자에 대한 정밀 필터링
② HTML 포맷 입력 불능 처리

081. 차세대 네트워크 NGN(Next Generation Network)의 주요 3가지 계층을 서술하시오.

① 전송 계층
② 제어 계층
③ 응용 계층

추가 유형 문제
NGN의 4가지 계층을 모두 적으시오.
답) 전송 계층, 제어 계층, 응용 계층, 액세스 계층

082. 차세대 네트워크 NGN의 구성요소 2가지를 모두 적으시오.

① 미디어 게이트웨이(Media Gateway)
② 소프트 스위치(Soft Switch)

추가 유형 문제
미디어 게이트웨이(Media Gateway)의 종류 2가지를 적으시오.
답) 액세스 게이트웨이, 트렁크 게이트웨이

083. 침입탐지 시스템(IDS)의 주요 3가지 유형에 대해서 서술하시오.

① 네트워크 기반 침입탐지 시스템
② 호스트 기반 침입탐지 시스템
② 하이브리드 침입탐지 시스템(Hybrid IDS)

084. 캡슐화 헤더에 포함되는 3가지 정보에 대해서 서술하시오.

① 주소 정보
② 오류 제어 정보
③ 흐름 제어 정보

085. 다음 보기를 읽고 무엇에 관한 설명인지 알맞은 단어를 서술하시오.

> 모든 노드가 하나의 공통배선에 연결되어 통신하는 방식이다. 혹여 노드에 고장이 발생해도 다른 부분에 영향을 미치지 않는다. 노드의 추가 설치 및 삭제가 용이한 네트워크 접속 형태다.

▶ 버스 토폴로지(=버스형)

086. VAN의 계층구조 4가지를 서술하시오.

① 정보처리 계층
② 통신처리 계층
③ 네트워크 계층
④ 기본통신 계층

087. 방송통신설비의 기술기준에 관한 규정에 따라 선로 설비의 회선 상호 간, 회선과 대지 간 및 회선의 심선 상호 간의 절연저항은 직류 (가) 볼트 절연 저항계로 측정하여 (나) 옴 이상이어야 한다. 빈 칸에 알맞은 숫자를 적으시오.

(가) 500
(나) 10M(=10메가)

> *관련 지식(Related Knowledge)*
> 방송통신설비의 기술기준에 관한 규정 제2장 일반적 조건의 제12조
>
> 제12조(절연저항) 선로설비의 회선 상호 간, 회선과 대지 간 및 회선의 심선 상호 간의 절연저항은 직류 500볼트 절연저항계로 측정하여 10메가옴 이상이어야 한다.

088. 다음 보기의 빈칸에 알맞은 숫자를 적으시오.

보기

> 방송통신설비의 기술기준에서 통신관련시설의 접지저항은 (   )Ω 이하를 기준으로 한다. 다만, 다음 각호의 경우는 100Ω이하로 할 수 있다.

▶ 정답 : 10

관련 지식(Related Knowledge)
방송통신설비의 기술기준에 관한 표준시험방법

제1조(목직) 이 고시는 「빙송통신설비의 기술기준에 관한 규정」(이히 "규정"이리 한디) 제29조에 따라 사업용 방송통신설비에 대한 기술기준 적합확인 시 필요한 측정회로, 측정조건 및 측정절차 등 표준시험방법을 정하여 권장함으로써 효율적인 기술기준적합확인 업무의 시행에 기여함을 목적으로 함.

제2조(표준시험방법) 「방송통신발전기본법」 제28조제2항 및 「방송법」 제80조 규정에 의한 방송통신설비의 기술기준 적합확인 시 필요한 시험항목 및 이에 대한 표준시험방법은 별표와 같다.

[별 표](제2조 관련)

I. 접지저항
1. 목적
   o 방송통신설비에 대한 접지 불량 등으로 인한 인명피해 및 시설파괴 등을 방지

2. 기준값 (접지설비.구내통신설비.선로설비 및 통신공동구 등에 대한 기술기준 제5조제2항)
가. 통신관련시설의 접지저항은 10Ω 이하를 기준으로 한다. 다만, 다음 각호의 경우는 100Ω이하로 할 수 있다.
1) 선로설비중 선조.케이블에 대하여 일정 간격으로 시설하는 접지(단, 차페케이블은 제외)
2) 국선 수용 회선이 100회선 이하인 주배선반
3) 보호기를 설치하지 않는 구내통신단자함
4) 구내통신선로설비에 있어서 전송 또는 제어신호용 케이블의 쉴드 접지
5) 철탑이외 전주 등에 시설하는 이동통신용 중계기
6) 암반 지역 또는 산악지역에서의 암반 지층을 포함하는 경우 등 특수 지형에의 시설이 불가피한 경우로서 기준 저항값 10Ω을 얻기 곤란한 경우
7) 기타 설비 및 장치의 특성에 따라 시설 및 인명 안전에 영향을 미치지 않는 경우

> *추가 유형 문제*
>
> **접지저항의 기준값 내용 중 틀린 부분을 찾아 바르게 고치시오.**
> 국선 수용 회선이 100회선 초과안 주배선반 → 국선 수용 회선이 100회선 이하인 주배선반

089. 다음의 표는 SNMP 계층 구조에 대해서 표현한 것이다. 빈칸에 알맞은 명칭을 적으시오.

표

LLC
Physical

정답 표

UDP
IP
LLC
MAC
Physical

> *관련 지식(Related Knowledge)*
>
> 이 문제는 SNMP 계층 구조에 대해서 알맞게 서술하라는 것이었다. 그러나 실제 출제될 때는 위의 문제처럼 5칸으로 정정된 표가 아닌 4칸으로만 나왔었다. 그렇기에 해당 문제의 정답에 대해서는 논란이 있었다. 왜냐하면 LLC 바로 위 하나의 빈칸에, IP와 UDP 중 어떤 것을 서술해야 정답으로 처리될 것인지 확신을 가질 수 없었기 때문이다. 다행스럽게도 LLC의 상위 빈칸에 UDP 또는 IP를 적었다면 모두 정답으로 처리했다고 한다. 아래의 4칸으로 구성된 표는, SNMP 계층 구조와 관련해 정답 논란이 있던 그 때 당시의 문제다.(단순 참고용)
>
> | |
> |---|
> | |
> | LLC |
> | |
> | Physical |

090. 다음 표는 TDM의 동기식과 비동기식 특성에 대해 비교한 것이다. 표의 빈칸을 채우시오.

표

	동기식	비동기식
슬롯 할당		
채널 할당		
전송 효율		

정답 표

	동기식	비동기식
슬롯 할당	고정적으로 할당	동적으로 할당
채널 할당	STDM (Synchronous TDM)	ATDM (Asynchronous TDM)
전송 효율	전송 효율 낮음	전송 효율 높음

추가 유형 문제
다중화 방식의 종류를 4가지 서술하시오.
답) ① CDM ② FDM ③ TDM ④ WDM

관련 지식(Related Knowledge)
비동기식 시분할 다중화는 Intelligent TDM 또는 Statistical TDM으로도 불리곤 한다.

091. 광섬유 케이블(Optical Fiber Cable) 접속지점에 관한 결과 측정방법을 서술하시오.

① 삽입법(Insertion Method)
② 컷백 방법(Cutback Method)
③ 후방 산란법(Back scattering Method)

추가 유형 문제
투과 측정법(Attenuation Measurement Method)은 입사단의 광전력을 평가하는 방법에 따라서 (a) 또는 (b)의 두 가지 방법으로 구분된다. (a)와 (b)에 해당하는 단어를 서술하시오.

답) (a) 삽입법(Insertion Method) (b) 컷백 방법(Cutback Method) 또는
    (a) 컷백 방법(Cutback Method) (b) 삽입법(Insertion Method)

092. OTDR의 측정방법에는 무엇이 해당되는지 서술하시오.

▶ 후방 산란법(Back scattering Method)

추가 유형 문제
OTDR에 대해 간략하게 서술하시오.
답) 후방 산란법(Back scattering Method)에 의해 광을 검출하는 장비

OTDR 약어의 원어를 서술하시오.
답) OTDR => Optical Time Domain Reflectometer

OTDR의 용도는 무엇인지 서술하시오.
답) 광섬유의 장애점 또는 손상 등의 이상 유무를 측정하는데 사용

OTDR의 측정 항목 4가지를 서술하시오.
답) ① 광섬유의 상대손실
    ② 광섬유의 접속손실
    ③ 광섬유 파단점의 위치
    ④ 광섬유 파단점의 거리

093. 유니캐스트, 멀티캐스트, 브로드캐스트, 애니캐스트의 4가지 주소 유형에 대해서 각각 설명하시오.

① 유니캐스트
=> 한 개의 송신 노드가, 한 개의 수신 노드에만 정보를 전송하는 방식

② 멀티캐스트
=> 한 개의 송신 노드가, 한 개 이상의 특정 수신 노드에 정보를 전송하는 방식

③ 브로드캐스트
=> 한 개의 송신 노드가, 전체 수신 노드에 정보를 전송하는 방식

④ 애니캐스트
=> 한 개의 송신 노드가, 수신 노드 중 가장 근접한 노드에 정보를 전송하는 방식

094. 폴링(Polling)은 터미널에게 전송할 데이터 유무를 묻는 과정인데 이와 관련한 2가지 폴링 방식을 적고 각각 설명하시오.

① 롤 콜 폴링(Roll-Call Polling)
=> 주국이 일정한 순서에 따라 각각의 종속국과 일대일로 폴링을 수행하는 방식

② 허브 고 어헤드 폴링(Hub-Go-Ahead Polling)
=> 주국의 간섭 없이 종속국 간 순차적으로 폴링을 수행하는 방식으로 롤 콜 폴링을 보완한다.

095. IPv6 주소 설정 구현 방법 2가지를 적으시오. 또한 IPv4와 IPv6 사이의 연동하는 방법 3가지도 순차적으로 서술하시오.

▶ IPv6 주소 설정 구현 방법 2가지

① Stateless Address Auto Configuration
② Stateful Address Auto Configuration

▶ IPv4와 IPv6의 연동하는 방법 3가지

① 터널링
② 듀얼 스택
③ 주소 변환

096. 각각의 질문에 대해서 적절한 답을 서술하시오.

① TCP/IP 4계층 모델에서 TCP가 동작되는 계층을 적으시오.
답) 전송 계층

② OSI 7계층 중 데이터링크 계층에서 사용되는 데이터 단위
답) 프레임

③ TCP 프로토콜의 주요 기능 3가지를 적으시오.
답) 신뢰성 보장, 연결지향, 흐름제어

④ IP의 주요 특징 3가지를 적으시오.
답) 비신뢰성, 비연결성, 패킷 분할·병합

097. 다음 xDSL(xDigital Subscriber Line) 기술의 데이터 전송속도와 관련하여 대칭/비대칭을 구분하고 빈칸에 적으시오.

표

xDSL 기술	전송속도 대칭/비대칭 구분
ADSL	
RADSL	
SDSL	대칭
HDSL	
VDSL	대칭·비대칭

정답 표

xDSL 기술	전송속도 대칭/비대칭 구분
ADSL	비대칭
RADSL	비대칭
SDSL	대칭
HDSL	대칭
VDSL	대칭·비대칭

098. 인텔리전트 빌딩(Intelligent Building)에서 수직 배선 및 수평 배선 시, 고려해야할 사항 3가지를 적으시오.

① 손실
=> 케이블은 저손실 특성을 갖도록 설계해야 함

② 온도·습도
=> 온도 및 습도 변화에 대해서 안정적이어야 함

③ 차폐
=> 전자기파 간섭(EMI) 차폐 기술을 적용해야 함

099. 다음 보기의 빈칸 (A), (B)에 알맞은 숫자를 적으시오.

보기

> ARP는 (A)비트 IP주소를 (B)비트의 물리적 네트워크 주소로 변환시키기
> 위해 사용되는 프로토콜이다.

▶ (A) : 32 / (B) : 48

추가 유형 문제
빈칸 (가), (나)에 각각 알맞은 단어를 적으시오.

(가) 프로토콜은 인터넷 IP 주소를 물리 주소(MAC 주소)로 변환하기 위해 사용되는 프로토콜이다. 한편, (나) 프로토콜은 이와 반대기능을 수행한다.

답) (가) ARP, (나) RARP

---

100. 제어 필드 값에 의해 구분되는 HDLC 프레임 종류 3가지를 적고 각각에 대해 설명하시오.

① 정보 프레임(=Information Frame)
=> 사용자의 데이터를 전달하는데 사용되는 HDLC 프레임
(제어부는 '0'으로 시작함)

② 감시 프레임(=Supervisory Frame)
=> 오류제어 및 흐름제어를 위해 사용되는 HDLC 프레임
(제어부는 '10'으로 시작함)

③ 비번호 프레임(=Unnumbered Frame)
=> 데이터 링크의 확립 및 해제 등에 사용되는 HDLC 프레임
(제어부는 '11'로 시작함)

101. 접지는 '보안(안전)과 관련된 접지'와 '기능과 관련된 접지'로 구분된다. 기능과 관련된 접지에 대해서 2가지를 서술하시오.

① 안테나 접지
② 전원 중성점 접지

102. 접지는 '보안(안전)과 관련된 접지'와 '기능과 관련된 접지'로 구분된다. 보안과 관련된 접지에 대해서 대표적인 2가지를 서술하시오.

① 피뢰침 접지
② 외함 접지

103. SYN Flooding 공격에 대해서 설명하시오.

▶ 공격자가 서버로 다수의 SYN 패킷을 전송해, 서버의 백로그 큐(Backlog Queue)를 가득 채워 서비스 장애를 일으키는 공격

104. PCM 전송 방식과 관련하여 사용되는 적응형 양자화기를 설명하시오.

▶ 입력 신호 진폭에 따라 양자화 스텝의 최대·최솟값을 조정하는 양자화기

105. 가동률에 대해서 간략히 설명하시오.

▶ 주어진 시간 내에 시스템이 실제로 작업을 수행할 수 있는 능력

106. 페이딩(Fading)의 원인, 느린 페이딩(Slow Fading), 빠른 페이딩(Fast Fading), 라이시안 페이딩(Rician Fading) 각각에 대해 간단하게 설명하시오.

① 페이딩의 원인
=> 반사 등으로 다양해진 전파의 전송 경로에 유입된 신호들끼리 상호 간섭하여, 진폭 및 위상이 불규칙해짐에 따라 페이딩이 발생

② 느린 페이딩(=Slow Fading)
=> 긴 기간 동안(Long Term) 전파 환경에 의해 수신 신호의 세기 및 위상이 느린 변화를 보이는 현상

③ 빠른 페이딩(=Fast Fading)
=> 짧은 기간 동안(Short Term) 전파 환경에 의해 수신 신호의 세기 및 위상이 빠른 변화를 보이는 현상

④ 라이시안 페이딩
=> 직접파와 반사파가 동시에 존재할 때 발생하는 현상

관련 지식(Related Knowledge)
느린 페이딩은 산·언덕과 같은 지형 등에 의해 발생하며 Log Normal 분포함수를 따른다.
빠른 페이딩은 고층 건물과 같은 요인들로 인해 발생하며 Rayleigh 분포함수를 따른다.

---

107. 마이크로벤딩(Micro-Bending) 손실에 대해서 간략히 설명하시오.

▶ 광케이블에 가해진 미세한 구부러짐으로 인해 발생하는 손실

108. 매크로벤딩(Macro-Bending) 손실에 대해서 간략히 설명하시오.

▶ 광케이블 포설 시, 허용곡률반경 이내로 무리하게 구부림으로 발생하는 손실

109. 보기를 통해 무엇에 관한 설명인지 서술하시오.

LAN에서 주로 사용하고 있는 전송방식으로 0의 값은 사용하지 않고 음(-)과 양(+)으로만 표현한다. 하나의 펄스폭을 2개로 나누어 구성하며 입력 값이 1이면 $\frac{T}{2}$는 음(-), $\frac{T}{2}$는 양(+)의 부호 순서로 표현된다. 0은 양(+), 음(-)의 순서로 표현한다.

▶ 맨체스터 부호(Manchester Code)

110. 다음 보기의 빈칸 (ㄱ)에 알맞은 숫자를 적으시오.

방송통신설비의 기술기준에 관한 규정에서 '특고압'은 (ㄱ) 볼트를 초과하는 전압으로 정의하고 있다.

▶ (ㄱ) 7000

111. 다음 보기의 빈칸 (가), (나)에 각각 알맞은 숫자를 적으시오.

VHF 12번을 활용하는 지상파 DMB 한 채널의 대역폭은 6 MHz로 정의된다. 이는 (가) MHz의 대역폭을 갖는 (나) 개의 블록을 포함한다.

(가) 1.536
(나) 3

112. OSI 7계층에서 중계 시스템과 관련된 계층 3가지를 적으시오.

▶ 물리 계층, 데이터링크 계층, 네트워크 계층

113. 보기를 통해 무엇에 관한 설명인지 서술하시오.

보기

> 기간통신사업자로부터 전기통신회선 설비를 대여받아 기간통신역무 외 전기통신역무를 제공하는 사업자. 해당 통신 역무를 제공하는 사업자는 신고의 의무가 있다.

▶ 부가통신사업자

114. 보기를 통해 무엇에 관한 설명인지 서술하시오.

보기

> 액세스 포인트(AP)의 한 부분은 네트워크에 연결이 된 상태이고, 다른 부분은 AP 연결이 끊긴 상태이다. 이 때, 네트워크를 확장시켜주는 역할을 하는 시스템이다.

▶ WDS(Wireless Distribution System)

115. 보기를 통해 무엇에 관한 설명인지 서술하시오.

보기

> 신호망(공통선 신호망)에서 신호점(Signaling Point) 간의 신호메시지 및 정보 전달을 중계해주는 패킷 교환을 통해 입력된 신호 메시지를 판별한다. 그리고 각 목적지별로 라우팅 및 분배기능을 수행한다.

▶ STP(Signal Transfer Point)

116. IETF와 관련한 망 관리 프로토콜 중 1개를 선택하여 약어와 원어를 서술하시오.

▶ SNMP(=Simple Network Management Protocol)

117. 다음 보기의 빈칸 (A)에 알맞은 숫자를 적으시오.

3점 전위강하법으로 접지 저항을 측정할 때 접지전극과 전류전극 사이의 토양이 균일한 경우 전위전극의 위치를, 접지전극과 전류 전극사이의 여러 곳에 배치하고 측정하여 그 전위 상승 그래프상의 평탄한 지점을 찾는 대신, 일정한 지점에 두고 측정할 수 있다. 이 경우 전위전극의 위치는 접지전극과 전류전극 사이의 거리 중 접지전극으로부터 (A) % 떨어진 지점에서 측정해야 한다.

▶ (A) 61.8

118. 인터네트워킹(InterNetworking)에 사용되는 장비 4가지를 적고 각각에 대해서 간단하게 설명하시오.

① 리피터
=> OSI 7계층 중 1계층에서 동작하며, 약해진 전송 신호를 증폭·재생해 주는 장치

② 브리지
=> OSI 7계층 중 2계층에서 동작하며, 두 개의 LAN이 상호 접속할 수 있도록 연결해 주는 장치

③ 라우터
=> OSI 7계층 중 3계층에서 동작하며, 서로 다른 기종 네트워크를 중계해 주는 장치

④ 게이트웨이
=> OSI 7계층 중 4계층 이상에서 동작하며, 서로 다른 프로토콜을 가진 네트워크를 연결해주는 장치

119. IPv6의 주소 형태 3가지를 서술하시오.

① 유니캐스트
② 멀티캐스트
③ 애니캐스트

120. 오류를 검출하는 방식의 종류 4가지를 서술하시오.

① 체크섬(Checksum) 방식
② 패리티비트(Parity Bit) 방식
③ CRC(Cyclic Redundancy Check) 방식
④ 해밍코드(Hamming Code) 방식

121. 지능형 교통 시스템(Intelligent Transport Systems)을 구축하기 위해서 사용되는 무선통신기술 2가지를 서술하시오.

① DSRC(Dedicated Short Range Communications)
② WAVE(Wireless Access in Vehicular Environment)

122. 통신망의 신뢰도를 위해 고려해야 하는 사항 3가지를 적으시오.

① 가용성
② 신뢰성
③ 보전성

123. 캡슐화에 대해서 간략히 설명하시오.

▶ 전송하는 데이터에 여러 가지 제어 정보를 추가하는 기능

124. 접지전극 시공 방법 중 '단단한 강목에 동피막을 입히고 나동선을 일정한 간격의 그물 형태로 매설'하는 방식을 무엇이라 하는지 적으시오.

▶ 메시 접지(=Mesh 접지, 망상 접지)

125. 유선 홈 네트워크 기술 3가지를 서술하시오.

① 이더넷
② PLC
③ IEEE 1394

126. 무선 홈 네트워크 기술 4가지를 서술하시오.

① UWB
② ZigBee
③ 블루투스
④ 무선 LAN

127. 초고속정보통신건물 인증제도와 관련하여 인증등급 3가지를 서술하시오.

① 특등급
② 1등급
③ 2등급

128. 홈네트워크건물 인증제도와 관련하여 인증등급 3가지를 서술하시오.

① AAA등급
② AA등급
③ A등급

129. 데이터 통신에서 사용되는 통신 속도 4가지를 서술하시오.

① 데이터 신호 속도
② 데이터 전송 속도
③ 변조 속도
④ 베어러 속도

130. LAN에서 MAC 방식은 경쟁 방식과 비경쟁 방식으로 분류된다. 각각의 방식에 대해 2가지씩 서술하시오.

▶ 경쟁 방식 2가지

① ALOHA
② CSMA/CD

▶ 비경쟁 방식 2가지

① 토큰 버스
② 토큰 링

131. 다음 보기의 빈칸 (가), (나), (다)에 각각 알맞은 숫자를 적으시오.

보기

가입자 신호의 전송손실은 600Ω이다. 순저항의 종단에서 (가) Hz 주파수 측정 시에는 (나) dB 이내, 단국 대 단국 최대 전송손실은 (다) dB 이내여야 한다.

(가) 1020
(나) 7
(다) 15

132. 위성통신에서 위성통신방식에 따라 분류한 세 가지 유형을 적으시오.

① 정지위성방식(=Stationary Satellite System)
② 임의위성방식(=Random Satellite System)
③ 위상위성방식(=Phased Satellite System)

133. 손실은 광섬유의 전송 특성을 결정하는 요소이다. 손실의 종류 3가지에 대해서 서술하시오.

① 흡수 손실
② 산란 손실
③ 구부림에 의한 손실

134. 망 관리 시스템, 즉 NMS의 구성요소 3가지를 서술하고 간략하게 설명하시오.

① 관리국(Management Station)
=> 데이터 분석 및 오류 복구 등을 수행하는 관리 애플리케이션의 집합

② 관리정보 베이스(=MIB, Management Information Base)
=> 관리하는 장비의 정보를 체계화하여 제공하는 계층적 구조

③ 에이전트(Agent)
=> 관리국에 의해 관리되는 장비(라우터 등)로 SNMP Agent라고 호칭함

135. 이동통신에서 사용되는 안테나(Antenna)의 전기적 특성 3가지를 적고 설명하시오.

① 특성 임피던스
=> 안테나가 가지는 고유의 임피던스. 50Ω(Ohm)을 쓰는 경우가 일반적이다.

② 지향성
=> 안테나의 방사패턴(전계패턴)이, 특정 방향의 안테나 이득을 나타내는 지표.

③ 이득
=> 지향성에 안테나 효율을 고려한 종합 성능지수. 일반적으로 단위는 dB를 사용한다.

136. 10 기가 이더넷(Gigabit Ethernet) 3가지 유형과 각 유형별 전송 매체를 적으시오.

① 10G BASE-T   전송 매체 : UTP 케이블
② 10G BASE-SR   전송 매체 : 광 케이블
③ 10G BASE-CX4   전송 매체 : 동축 케이블

137. 광섬유와 관련한 대표적인 측정법 3가지를 서술하시오.

① 투과 측정법
② 후방 산란법
③ 주파수 영역법

138. 접지저항 측정법과 관련하여 대표적인 3가지를 적으시오.

① 3점 전위강하법
② 2극 측정법
③ 클램프-온(Clamp-on) 미터법

추가 유형 문제
보조 전극을 사용하지 않는 빠르고 간단한 측정방법으로 다중 접지된 통신선로에
적용할 때 유리한 접지(저항) 측정법을 무엇이라 하는가?
답) 클램프-온(Clamp-on) 미터법

3섬 전위상하법의 대체 방법으로 무엇이 해낭되는지 서술하시오.
답) 2극 측정법

일반적으로 방송통신설비의 접지저항은 3점 전위강하법으로 측정된다.
그러나 측정전용 보조전극 설치가 곤란한 경우에는 '2극 측정법'이 쓰일 수 있다.

---

139. 다음은 접지전극 분야에서 현재 가장 많이 사용되고 있는 방법에 대한
설명이다. 보기를 참고하여 어떤 접지전극 시공방법인지 서술하시오.

보기

---

① 재료비의 경우 저렴한 편에 속한다.
② 추가 시공이 쉬운 편이며 타 접지 시스템과의 연계성이 좋은 편이다.
③ 접지봉의 구조가 단순하며 접지전극 시공 역시 어렵지 않은 편이다.
④ 부식에 의한 접지전극 손상이 빠른 편이라 수명이 길지 않다는 단점이 존재한다.

▶ 일반봉 접지(=일반접지봉 접지)

140. 디지털 통신 품질 척도에는 어떤 유형의 통신 품질 오류율이 쓰이는지
서술하시오.

▶ BER(=Bit Error Rate)

141. 다음 그림의 빈칸 (가)에 알맞은 단어를 적으시오.

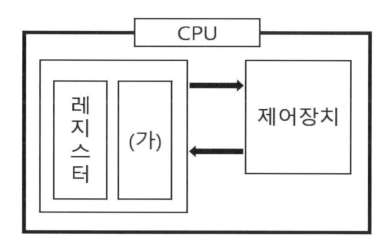

▶ (가) 산술·논리 연산 장치(ALU)

142. 8비트(bit)로 표현 가능한 양의 정수 범위를 10진수로 나타내시오.

▶ $0 \sim 127(=2^{8-1}-1)$

8비트가 있을 때 '맨 처음의 1비트'는 <u>부호비트</u>로 사용된다. 처음의 비트를 제외한 나머지 7비트에는 2진수로 표현된 정수 값이 할당된다. 부호가 있는(Signed) 정수는 아래와 같다.

부호비트	데이터의 크기 (값의 표현 범위)						
+0(1비트)	◎(1비트)	◎(1비트)	◎(1비트)	◎(1비트)	◎(1비트)	◎(1비트)	◎(1비트)

143. 다음 보기를 읽고 무엇에 관한 설명인지 알맞은 단어를 서술하시오.

보기

크래킹 방식 중 하나로 악성코드에 감염된 여러 대의 좀비 PC를 원격 조종한다. 공격자는 특정 웹 사이트가 수용하기 어려운 규모의 접속 통신량(트래픽)을 순간적으로 일으켜 해당 사이트의 서버를 마비시킨다. 이로 인해 일반 사용자들은 해당 웹 사이트로의 접근이 어려워진다.

▶ DDOS(=Distributed Denial of Service)

144. 보기를 읽고 이에 알맞은 측정법을 서술하시오.

> 해당 측정법은, 다중모드 광섬유(Optical Fiber)의 대역폭 특성 측정법 중 하나에 속한다. RF신호로 변조된 광펄스(Optical Pulse)를 광섬유 내에 전파시키고 이와 같은 진폭의 변화에서 대역을 측정한다.

▶ 주파수 영역법(Frequency domain Method)

145. 보기를 읽고 이에 알맞은 측정법을 서술하시오.

> 해당 측정법은, 광섬유(Optical Fiber)의 손실(Loss)과 관련된 측정법 중 하나에 속한다. 광섬유 내를 전파하는 광의 일부가 '반사 및 산란' 작용에 의해서 입사단으로 되돌아오는 현상을 이용해 광섬유 손실을 측정한다.

▶ 후방 산란법(Back scattering Method)

146. 공사원가를 구성하는 원가 비목 중 경비에 해당하는 5가지 항목을 적으시오.

① 가설비
② 지급임차료
③ 운반비
④ 안전관리비
⑤ 보험료

147. 「정보통신공사업법」에 따라 구분되는 기술계 정보통신 기술자 4등급을 모두 적으시오.

① 특급기술자
② 고급기술자
③ 중급기술자
④ 초급기술자

148. 정보통신공사설계를 위한 공사 원가계산서에서 총(공사)원가에 해당하는 5가지 항목을 적으시오.

① 노무비
② 재료비
③ 경비
④ 일반관리비
⑤ 이윤

추가 유형 문제
정보통신설비 설계 시, 공사 설계 도서에 해당하는 원가의 종류에 대해 적으시오. (즉, 공사원가를 구성하는 원가 항목 3가지) 답) 노무비, 재료비, 경비

공사원가계산서에서 재료비, 노무비, 경비 비목을 총괄하여 무엇이라 하는가?
답) (순)공사원가
참고로, 일반관리비는 [(순)공사원가 × 일반관리비율]을 통해 산정된다. 이윤의 경우 [(노무비+경비+일반관리비) × 이윤율]을 통해 산정된다.

작업 현장에서 보조 작업에 종사하고 있는 노무자, 종업원, 현장감독자 또는 품질 시험관리인 등에게 지급하는 비용을 무엇이라 하는가?
답) 간접노무비

(순)공사원가는 35,000,000원이다. 재료비가 12,000,000원이고 경비는 3,000,000 원일 때 노무비는 얼마인지 계산하시오.
식) 12,000,000(재료비) + 3,000,000(경비) + 노무비 = 35,000,000(공사원가)
답) 20,000,000원

149. 정보통신공사 실시설계에 포함되는 5가지 사항에 관해 서술하시오.

① 기본설계 결과의 검토
② 구조물 형식 결정 및 설계
③ 구조물별 적용 공법 결정 및 설계
④ 공사비 및 공사기간 산정
⑤ 시설물의 기능별 배치 결정

관련 지식(Related Knowledge)
기본설계 등에 관한 세부시행 기준 제2장의 제7조

제7조(실시설계의 내용)
① 실시설계는 기본설계 결과를 바탕으로 건설공사 및 시설물의 설치·관리 등 관계법령 및 기준 등에 적합하게 건실입자가 시공에 필요한 설계도면 및 시방시 등 설계도시를 작성히는 것으로 다음 각 호의 업무를 수행하는 것을 말한다.
1. 설계 개요 및 법령 등 제기준 검토
2. 기본설계 결과의 검토
3. 구조물 형식 결정 및 설계
4. 구조물별 적용 공법 결정 및 설계
5. 시설물의 기능별 배치 결정
6. 공사비 및 공사기간 산정
7. 토취장, 골재원 등의 조사확인(현지조사 및 토석정보시스템 등 이용) 샘플링, 품질시험 및 자재공급계획
8. 측량·지반·지장물·수리·수문·지질·기상·기후·용지조사
9. 기본공정표 및 상세공정표의 작성
10. 시방서, 물량내역서, 단가규정, 구조 및 수리계산서 작성
11. 기타 발주청이 계약서 및 과업지시서에서 정하는 사항
② 영 제73조제2항에 의한 실시설계의 경우 제4조의 규정에 의한 기본설계를 포함하여 실시설계를 하여야 한다. 제3장 설계관리 등

추가 유형 문제
기본설계의 결과를 토대로 시설물의 규모, 배치, 형태, 공사방법과 기간, 공사비, 유지관리 등에 관하여 세부조사 및 분석, 비교·검토를 통하여 최적안을 선정하여 시공 및 유지관리에 필요한 설계도서, 도면, 시방서, 내역서, 구조 및 수리계산서 등을 작성하는 것을 무엇이라 하는가? 답) 실시설계

정보통신공사에 관한 계획서, 설계도면, 시방서, 공사비 명세서 그리고 기술계산서 및 이와 관련된 서류를 무엇이라 하는가? 답) 설계도서

150. OSI 7계층에서 TCP와 IP는 각각 어느 계층에 속하는지 적으시오.

▶ TCP => 전송계층 / IP => 네트워크 계층

151. 착공계 제출 시 현장대리인의 적합성을 증빙하기 위해 첨부시켜야 하는 서류 3가지를 적으시오.

① 자격증 사본
② 현장대리인 경력증명서
③ 현장대리인 재직증명서

152. 10G BASE-R 계열(광섬유 케이블)의 종류 3가지를 서술하시오.

① 10G BASE-ER
② 10G BASE-LR
③ 10G BASE-SR

153. 다음 보기의 빈칸 (A)에 알맞은 단어를 적으시오.

보기

> 대통령령으로 정하는 공사를 발주한 자(자신의 공사를 스스로 시공한 공사업자 및 제3조제2호에 따라 자신의 공사를 스스로 시공한 자를 포함한다)는 해당 공사를 시작하기 전에 설계도를 특별자치도지사·시장·군수·구청장(자치구의 구청장을 말한다. 이하 같다)에게 제출해 제6조에 따른 기술기준에 적합한지를 확인받아야 하며, 그 공사를 끝냈을 때에는 특별자치도지사·시장·군수·구청장의 (A)를 받고 정보통신 설비를 사용하여야 한다.

▶ (A) 사용전검사

154. 광섬유 케이블의 접속(연결) 방식 3가지에 관해 서술하시오.

① 융착 접속
② 기계식 접속
③ 광커넥터 접속

155. 정보통신공사 기본설계에 포함되는 5가지 사항에 관해 서술하시오.

① 주요 구조물의 형식
② 지반
③ 토질
④ 개략적인 공사비
⑤ 실시설계의 방침

관련 지식(Related Knowledge)
건설기준 진흥법 시행령 제71조

제71조(기본설계)
① 발주청은 건설공사기본계획을 반영하여 해당 건설공사에서의 주요 구조물의 형식, 지반(地盤) 및 토질, 개략적인 공사비, 실시설계의 방침 등을 포함한 기본설계를 하여야 한다. 다만, 다음 각 호의 어느 하나에 해당하는 경우에는 따로 기본설계를 하지 아니할 수 있다.
1. 기술공모방식 또는 일괄입찰방식으로 시행하는 경우
2. 제73조 제2항에 따라 기본설계의 내용을 포함하여 실시설계를 하는 경우
3. 제81조 제3항에 따라 기본설계에 반영될 내용을 포함하여 타당성 조사를 한 경우
② 기본설계의 내용, 설계기간, 설계관리 및 설계도서의 작성기준은 국토교통부장관이 정하여 고시한다.
③ 발주청은 기본설계를 할 때에는 주민 등 이해당사자의 의견을 들어야 한다. 다만, 기본설계를 하기 전에 다른 법령에 따라 의견을 들은 경우에는 그러하지 아니하다.
④ 발주청은 제3항에 따라 이해당사자의 의견을 들으려는 경우에는 일간신문에 다음 각 호의 사항을 공고하고, 기본설계안을 14일 이상 일반인이 공람할 수 있도록 하여야 한다.
1. 공사의 개요
2. 공사의 필요성
3. 공사의 효과
4. 공사기간
5. 연차별 투자계획
6. 공람기간 및 공람방법
7. 의견제출 방법과 그 밖에 필요한 사항
⑤ 발주청은 해당 건설공사가 관계 법령에 따라 허가등이 필요한 경우에는 해당 인·허가기관의 장의 의견을 들어 이를 기본설계에 반영하여야 한다.
⑥ 발주청은 제1항 각 호 외의 부분 단서에 따라 따로 기본설계를 하지 아니하는 경우에는 다음 각 호에서 정하는 때에 이해관계자의 의견을 들어야 한다. 이 경우 공고 및 공람에 관하여는 제4항을 준용한다.
1. 제1항제1호 또는 제3호의 경우: 실시설계를 할 때
2. 제1항제2호의 경우: 타당성 조사를 할 때

추가 유형 문제
예비타당성조사, 타당성조사 및 기본계획을 감안하여 시설물의 규모, 배치, 형태, 개략공사방법 및 기간, 개략 공사비 등에 관한 조사, 분석, 비교·검토를 거쳐 최적안을 선정하고 이를 설계도서로 표현하여 제시하는 설계업무로서 각종사업의 인·허가를 위한 설계를 포함하며, 설계기준 및 조건 등 실시설계용역에 필요한 기술자료를 작성하는 것을 무엇이라 하는가?   답) 기본설계

156. 정보통신공사 착수단계에서 검토해야 하는 설계도서 5가지에 관해 서술하시오.

① 계획서
② 설계도면
③ 설계설명서
④ 공사비명세서
⑤ 기술계산서

157. 착공계 구비서류 5가지에 관해 서술하시오.

① 경력증명서
② 공사내역서
③ 예정공정표
④ 품질계획서
⑤ 현장대리인계

158. 다음 보기의 빈칸 (가), (나), (다), (ㄱ), (ㄴ), (ㄷ)에 각각 알맞은 단어 및 숫자를 적으시오.

보기

> ISDN(종합정보통신망)에서 사용되는 채널 중에 (가)는 신호 전송용으로 사용되며 (ㄱ)Kbps 또는 64Kbps의 전송 속도를 갖는다. (나)는 기본적인 사용자 정보 채널로 정보 전송용으로 이용되며 (ㄴ)Kbps의 전송 속도를 갖는다. 한편 (다)는 (나)보다 빠른 속도를 원할 때 사용되는 고속도의 전송 채널로 384Kbps, 1536Kbps, (ㄷ)Kbps의 전송 속도를 갖는다.

(가) D 채널
(나) B 채널
(다) H 채널
(ㄱ) 16
(ㄴ) 64
(ㄷ) 1920

159. 통신공동구 관련하여 유지·관리를 위한 부대설비 5가지를 적으시오.

① 조명
② 배수
③ 소방
④ 환기
⑤ 접지시설

> *관련 지식(Related Knowledge)*
> 접지설비·구내통신설비·선로설비 및 통신공동구 등에 대한 기술기준 제5장
>
> <u>제46조(통신공동구의 설치기준)</u>
> ① 통신공동구는 통신케이블의 수용에 필요한 공간과 통신케이블의 설치 및 유지·보수 등의 작업시 필요한 공간을 충분히 확보할 수 있는 구조로 설계하여야 한다.
> ②통신공동구를 설치하는 때에는 조명·배수·소방·환기 및 접지시설 등 통신케이블의 유지·관리에 필요한 부대설비를 설치하여야 한다.
> ③통신공동구와 관로가 접속되는 지점에는 통신케이블의 분기를 위한 분기구를 설치하여야 하며, 한 지점에서 여러 개의 관로로 분기될 경우에는 작업이 용이하도록 분기구간에는 일정거리이상의 간격을 유지하여야 한다.
> **한편, 위의 '통신공동구의 설치기준' 3가지**를 답안으로 작성하도록 출제하는 경우도 있다.

160. 네트워크 백업에 대해 정의하고 구축 전 고려해야 할 사항 3가지를 서술하시오.

▶ 네트워크 백업(Network Back-up)
=> 한 컴퓨터의 중요 자료를, 네트워크를 이용하여 다른 컴퓨터에 저장하는 것

① 백업 공간의 안정성
② 백업 유지 기간 설정
③ 백업 시 충분한 여유 공간

161. 다음의 질문에 대해서 각각 알맞은 답을 적으시오.

① 신호가 한 노드에서 다음 노드로 도달하는데 소요되는 시간
답) 전파지연

② 데이터의 한 블록을 보내는데 소요되는 시간
답) 전송시간

③ 한 노드가 데이터를 교환할 때 필요한 처리를 수행하는데 소요되는 시간
답) 노드지연

④ 10Kbps로 10000bit 블록을 전송 시 소요되는 시간이 얼마인지 구하시오.
답) 1[sec] (아래의 풀이를 참고한다)

$$\frac{10000\,[bit]}{10 \times 1\,Kbps} = \frac{10000\,[bit]}{10 \times 1 \times 10^3 \times \dfrac{[bit]}{[sec]}} = 1\,[sec]$$

162. 전력선통신(PLC) 기술에 관한 단점을 3가지 서술하시오.

① 높은 부하간섭
② 심한 잡음
③ 가변하는 신호 감쇠

PLC(Power Line Communication)란 전력선을 통신 매개체로 이용해 데이터를 주고받는 통신 방식을 의미한다. 홈 네트워크 구현 기술 중 하나로도 알려져 있다.

---

163. 「정보통신공사업법」에서 규정한 감리원의 업무 범위와 관련하여 5가지를 서술하시오.

① 공사계획 및 공정표의 검토
② 하도급에 대한 타당성 검토
③ 준공도서의 검토 및 준공 확인
④ 설계 변경에 관한 사항의 검토·확인
⑤ 재해예방대책 및 안전관리의 확인

관련 지식(Related Knowledge)
정보통신공사업법 시행령 제2장 12조(감리원의 업무 범위)

제12조(감리원의 업무범위) 법 제8조 제7항에 따른 감리원의 업무범위는 다음 각 호와 같다.

1. 공사계획 및 공정표의 검토
2. 공사업자가 작성한 시공 상세도면의 검토·확인
3. 설계도서와 시공도면의 내용이 현장조건에 적합한지 여부와 시공가능성 등에 관한 사전검토
4. 공사가 설계도서 및 관련규정에 적합하게 행하여지고 있는지에 대한 확인
5. 공사 진척부분에 대한 조사 및 검사
6. 사용자재의 규격 및 적합성에 관한 검토·확인
7. 재해예방대책 및 안전관리의 확인
8. 설계변경에 관한 사항의 검토·확인
9. 하도급에 대한 타당성 검토
10. 준공도서의 검토 및 준공확인

164. 용역업자는 공사완료 후, 발주자에게 7일 안에 감리결과를 알려야 한다. 이 때 포함되어야 하는 3가지 사항을 적으시오.

① 착공일 및 완공일
② 공사업자의 성명
③ 시공 상태의 평가결과

관련 지식(Related Knowledge)
정보통신공사업법 시행령 제1장 총칙의 제14조

제14조(감리결과의 통보) 용역업자는 법 제11조에 따라 공사에 대한 감리를 완료한 때에는 공사가 완료된 날부터 7일 이내에 다음 각 호의 사항이 포함된 감리결과를 발주자에게 통보하여야 한다.
1. 착공일 및 완공일
2. 공사업자의 성명
3. 시공 상태의 평가결과
4. 사용자재의 규격 및 적합성 평가결과
5. 정보통신기술자배치의 적정성 평가결과

---

165. 「정보통신공사업법」에서 규정한 공사의 범위 4가지를 서술하시오.

① 통신설비공사
② 방송설비공사
③ 정보설비공사
④ 정보통신전용 전기시설 설비공사

관련 지식(Related Knowledge)
정보통신공사업법 시행령 제1장 총칙의 제2조

제2조(공사의 범위) ① 「정보통신공사업법」(이하 "법"이라 한다) 제2조제2호에 따른 정보통신설비의 설치 및 유지·보수에 관한 공사와 이에 따른 부대공사는 다음 각 호와 같다.
1. 전기통신관계법령 및 전파관계법령에 따른 통신설비공사
2. 「방송법」 등 방송관계법령에 따른 방송설비공사
3. 정보통신관계법령에 따라 정보통신설비를 이용하여 정보를 제어·저장 및 처리하는 정보설비공사
4. 수전설비를 제외한 정보통신전용 전기시설설비공사 등 그 밖의 설비공사
5. 제1호부터 제4호까지의 규정에 따른 공사의 부대공사
6. 제1호부터 제5호까지의 규정에 따른 공사의 유지·보수공사

166. 정보통신 설비 준공 시, 시공자가 발주자에게 제출해야 할 통상적인 준공 관련 서류 중 4가지를 서술하시오.

① 준공계
② 준공도면
③ 준공사진
④ 시험성적서

167. 「정보통신공사업법」에서 규정한 '감리'에 대한 설명과 관련하여 다음의 빈칸 (가)~(바)에 각각 알맞은 말을 적으시오.

보기

> 감리란 공사에 대하여 발주자의 위탁을 받은 용역업자가 (가) 및 (나)의 내용대로 시공되는지를 (다)하고, (라) · (마) 및 (바)에 대한 지도 등에 관한 발주자의 권한을 대행하는 것을 의미한다.

(가) 설계도서
(나) 관련 규정
(다) 감독
(라) 품질관리
(마) 시공관리
(바) 안전관리

> *관련 지식(Related Knowledge)*
> 정보통신공사업법 제1장 총칙의 제2조 9항
>
> "감리"란 공사(「건축사법」 제4조에 따른 건축물의 건축 등은 제외한다)에 대하여 발주자의 위탁을 받은 용역업자가 설계도서 및 관련 규정의 내용대로 시공되는지를 감독하고, 품질관리 · 시공관리 및 안전관리에 대한 지도 등에 관한 발주자의 권한을 대행하는 것을 말한다.

168. 보기를 통해 무엇에 관한 설명인지 서술하시오.

TCP/IP 4계층 中 전송(Transport) 계층에 해당한다. 데이터그램 방식을 제공하는 비연결 지향형 프로토콜이다. 신뢰성은 낮으나 고속으로 프로토콜 처리를 하는 것이 가능하다는 특징이 있다. 그렇기에 멀티미디어와 멀티캐스팅 응용에 적합하다. 헤더 및 전송데이터에 대한 체크섬(Checksum) 기능 역시 존재한다. 하지만 메시지를 블록의 형태로 전송하며, 재전송이나 흐름제어·혼잡제어 등의 피드백은 제공하지 않는다.

▶ UDP(User Datagram Protocol)

169. 보기를 통해 무엇에 관한 설명인지 서술하시오.

셀룰러 시스템(cellular system)에서 단위 면적 당 사용자 채널(channel)의 수를 증가시키는 방법 중 하나로 알려져 있다. 할당된 주파수 대역을 중복 사용함으로 통신 위성의 이용 효율을 높여준다.

▶ 주파수 재사용(Frequency Reuse)

170. 다음에 언급된 2가지 종류의 잡음에 대해서 각각 설명하시오.

① Slope Overload Noise(경사 과부하 잡음)
=> 아날로그 파형이 급속히 변화할 때 발생하는 잡음

② Granular Noise(입상 잡음)
=> 아날로그 파형이 완만히 변화할 때 발생하는 잡음

171. 다음 보기를 읽고 무엇에 관한 설명인지 알맞은 단어를 서술하시오.

보기

> 1956년 창설된 국제위원회 CCITT의 새로운 명칭으로 전화 전송, 전화 교환, 잡음 등에 관하여 표준 권고하는 통신 프로토콜 재정 기관이다.

▶ ITU-T

172. 보기를 통해 무엇에 관한 설명인지 서술하시오.

보기

> 2.4GHz 주파수 대역을 사용하며 10m안팎의 근접거리에서 데이터 및 음성을 주고 받을 수 있는 근거리 무선 통신 기술. 저렴한 가격에 적은 소모 전력(100mW)으로 사용이 가능

▶ 블루투스(Bluetooth)

173. 다음 보기를 읽고 무엇에 관한 설명인지 알맞은 단어를 서술하시오.

보기

> 케이블 TV 또는 IPTV에서 서비스 수신 자격을 갖춘 가입자에게만 서비스를 제공 하기 위한 목적으로 키를 생성하여 가입자에게 전달하는 기능을 수행한다.

▶ CAS(Conditional Access System)

174. 방화벽의 보안 기능 3가지를 서술하시오.

▶ 접근 제어, 로깅, 인증

> 방화벽(Firewall)의 구성 요소, 종류, 한계 등에 대해서도 반드시 학습하도록 한다.

175. CRC-12, CRC-16-CCITT, CRC-16-IBM에서 사용되는 각각의 오류검출 코드 다항식에 대해 서술하시오.

① CRC-12

$$X^{12} + X^{11} + X^3 + X^2 + X^1 + 1$$

② CRC-16-CCITT

$$X^{16} + X^{12} + X^5 + 1$$

③ CRC-16-IBM(ANSI)

$$X^{16} + X^{15} + X^2 + 1$$

176. 다음 보기의 빈칸 (A)에 알맞은 단어를 적으시오.

보기

전자서명법 제2조(정의)에서 "가입자"는 전자서명생성정보에 대하여 (A)사업자로부터 전자 서명인증을 받은 자라고 서술되어 있다.

▶ (A) 전자서명인증

177. 보기를 통해 무엇에 관한 설명인지 서술하시오.

보기

생존하는 개인에 관한 정보로서 성명과 주민등록번호 등에 의하여 특정 개인을 식별할 수 있는 부호·문자·음성·영상 등의 정보

▶ 개인정보

178. PCM-24 방식(북미 방식)과 관련하여 다음의 질문에 대해 답하시오.

① 표본화 주파수는 얼마인지 적으시오

답) 8 KHz

② 표본화 주기는 얼마인지 적으시오

답) 125 µs

③ 전송 속도는 얼마인지 적으시오

답) 1.544 Mbps

179. 다음 보기의 빈칸 (A)에 알맞은 단어를 적으시오.

보기

UTP는 동축 케이블과 비교 시, (A)가 없으므로 전기적 잡신호와 전자기 장애에 약한 특성을 가진다. 미국이나 캐나다는 이 문제를 크게 고려하지 않지만, 유럽의 경우 전자기 장애의 유해성 논란으로 적절한 차폐가 필요하다고 언급했다. 또한 외부의 보호(A)가 없어 햇빛 및 습기에 취약하여 실외 사용이 불가능하다.

▶ (A) 실드(Shield)

180. 다음 보기를 읽고 무엇에 관한 설명인지 알맞은 단어를 서술하시오.

보기

하나의 장비에 여러 가지 보안 솔루션 기능을 통합하여 제공한다. 이를 바탕으로 복합적인 보안 위협 요소에 효율적으로 대응할 수 있다. 또한 비용 절감과 관리의 편의성을 가능하게 한다.

▶ UTM(Unified Threat Management)

181. 공사계획서를 작성할 때 기본적으로 들어가야 하는 내용에 대해 5가지를 서술하시오.

① 공사개요
② 공정관리계획
③ 공사예정공정표
④ 안전관리계획
⑤ 환경관리계획

182. 다음 보기의 빈칸 (가), (나)에 각각 알맞은 숫자를 적으시오.

보기

> 어떤 네트워크 안에서 통신 데이터를 보낼 때 IP주소를 이용해 목적지까지 체계적으로 경로를 찾는 과정을 (가)라고 한다. 네트워크 계층의 라우팅 테이블에 의해 이러한 과정을 능동적으로 수행하는 장치를 (나)라고 한다.

(가) 라우팅
(나) 라우터

183. 네트워크 분석기는 RF(Radio Frequency) 엔지니어링 분야의 필수 장비 중 하나이다. 네트워크 분석기를 이용해 측정이 가능한 항목 4가지를 서술하시오.

① VSWR
② 반사손실
③ 삽입손실
④ 이득

184. FDDI 프로토콜은 OSI 7계층 중 어느 계층에서 동작하는지 서술하시오.

▶ 데이터링크 계층(Data Link Layer)

관련 지식(Related Knowledge)

FDDI는 미국규격협회에서 1987년에 표준화된 LAN이고 두 개의 링으로 구성된다. 2개의 카운터 회전 링을 사용하는 이중 링 구조이며 외부 링은 '1차 링', 내부링은 '2차 링'으로 부른다. 두 개의 링이 모두 작동하며, 노드는 미리 정한 규칙에 따라 두 개 중 한 개로 전송한다. 전송 매체는 광케이블을 사용하므로 링 구조로 되어 있다.

추가 유형 문세

FDDI에 관해 간략하게 서술하시오.
답) 컴퓨터 간 접속을 위해 광섬유 케이블을 이용한 고속 통신망 구조

FDDI 2차 링의 주요 목적에 대해 서술하시오.
답) 1차 링에 장애가 발생 시, 페일오버(failover) 하려는 것이 주요 목적

페일오버(failover) 정의
1차 시스템에서 고장 등의 이유로 사용하는 것이 어려울 때, 2차(대체) 시스템이
1차 시스템의 역할을 넘겨받아 자동으로 대체 작동하는 기능

---

185. 다음 보기의 숫자 ①, ②, ③에 각각 알맞은 단어를 적으시오.

보기

DTE-DCE 인터페이스 규격은 국제전기통신연합 전기통신표준화 부문인 ITU-T의 권고에 정의되어 있으며, 관련 시리즈 인터페이스 종류로 ①, ②, ③ 인터페이스가 해당된다.

---

① X 시리즈
② V 시리즈
③ I 시리즈

186. 고속의 송신 신호를 여러 개의 직교하는 협대역 부반송파로 변조시켜서 다중화하며 사용하는 방식을 의미한다. 무선LAN 802.11a 및 802.11g 전송 방식으로 채택된 것은 무엇인지 적으시오.

▶ OFDM(Orthogonal Frequency Division Multiplexing)

187. IEEE 802.11 무선 LAN 프레임의 종류 3가지를 적으시오.

① 관리 프레임
② 제어 프레임
③ 데이터 프레임

추가 유형 문제
HDLC 프레임의 종류 3가지를 적으시오.

답) 정보 프레임, 감시 프레임, 비번호 프레임

---

188. 보기를 읽고 LAN 프로토콜 구조 중 어떤 계층의 역할에 관한 설명인지 적으시오.

보기

데이터링크 계층의 부층(Sub-Layer) 중 하나이며, LAN의 물리적 특성을 적용하여 전송 효율을 높이고자 한다. 다수의 단말들이 하나의 전송 매체를 공유할 때 매체 사용에 대한 단말 간 경쟁을 제어한다.

▶ MAC (Media Access Control) 계층

추가 유형 문제
LLC(Logical Link Control) 계층의 역할에 대해 간략히 설명하시오.

데이터링크 계층의 부층(Sub-Layer) 중 하나이며, WAN 환경에서의 데이터링크 계층 기능을 수행한다. (오류제어, 흐름제어 등)

---

189. 멀티포인트(Multi-Point) 방식에서 주로 사용되는 폴링(Polling)과 셀렉션(Selection)에 대해 설명하시오.

① 폴링(Polling)
=> 주국(Primary Station)이 종속국(Slave Station)에게 송신할 데이터가 있는지 묻고 데이터를 수신하는 방법.

② 셀렉션(Selection)
=> 주국(Primary Station)이 종속국(Slave Station)에게 데이터를 수신할 준비가 되어 있는지 묻고 데이터를 송신하는 방법.

> 주국(Primary Station)은 컴퓨터를, 종속국(Slave Station)은 터미널을 의미하는 것이니 이를 바탕으로 상기 문제를 이해하도록 한다.

190. 오실로스코프(Oscilloscope)에서 측정된 아이패턴(Eye Pattern)의 요소 3가지를 서술하시오.

① Noise Margin
② Timing Jitter
③ Sensitivity to Timing Error

191. 인터넷 속도 관련 품질측정 요소 4가지를 서술하시오.

① 다운로드 속도
② 업로드 속도
③ 지연시간
④ 손실률

192. 다음 보기의 빈칸 (가), (나)에 각각 알맞은 숫자를 적으시오.

보기

가공통신선의 지지물과 가공 강전류전선 간 이격거리는 가공 강전류전선의 사용전압이 특고압 강전류절연전선일 때는 (가) M 이상이다. 한편, 가공 강전류전선의 사용전압이 저압일 경우의 이격거리는 (나) cm 이상이어야 한다. 가공 강전류전선의 사용전압이 고압인 강전류전선일 경우의 이격거리는 (다) cm 이상이어야 한다.

▶ (가) 1 / (나) 30 / (다) 60

관련 지식(Related Knowledge)
접지설비·구내통신설비·선로설비 및 통신공동구 등에 대한 기술기준 제3장의 제7조

가공통신선의 지지물과 가공강전류전선 간의 이격거리는 다음과 같다.
1. 가공강전류전선의 사용전압이 저압 또는 고압일 경우의 이격거리는 다음 표와 같다.

가공강전류전선의 사용전압 및 종별		이격 거리
저 압		30cm 이상
고 압	강전류케이블	30cm 이상
	기타 강전류전선	60cm 이상

2. 가공강전류전선의 사용전압이 특고압일 경우의 이격거리는 다음과 같다.

가공강전류전선의 사용전압 및 종별		이격 거리
35,000V 이하의 것	강전류케이블	50cm 이상
	특고압 강전류절연전선	1M 이상
	기타 강전류전선	2M 이상
35,000V를 초과하고 60,000V이하의 것		2M 이상
60,000V를 초과하는 것		2M에 사용 전압이 60000V를 초과하는 10,000V마다 12cm를 더한 값 이상

해당 문제는 '사용전압 및 종별'에 대한 구체적인 언급이 있어야 명확하게 풀 수 있다.

193. 위성통신에서 사용되는 회선할당방식 세 가지 유형을 적고 각각에 대해 간략하게 설명하시오.

① 사전할당방식
PAMA(=Pre Assignment Multiple Access)
=> 고정된 슬롯을 관련 지구국에, 사전에 할당하여 사용하는 방식

② 임의할당방식
RAMA(=Random Assignment Multiple Access)
=> 전송정보 발생 시, 임의 슬롯으로 송신하는 방식

③ 요구할당방식
DAMA(=Demand Assignment Multiple Access)
=> 미사용 슬롯을 관련 지구국이 원하는 시간에 활용할 수 있게 하는 방식

194. VAN의 통신처리 계층과 네트워크 계층의 기능에 대해 각각 설명하시오.

① 통신처리 계층의 기능
=> 축적 교환 기능과 변환 기능을 이용해 이(異) 기종 간 통신을 가능하게 하는 기능

② 네트워크 계층의 기능
=> 가입된 사용자끼리 상호 연결하여 사용자 간 정보 전송을 가능하게 하는 기능

195. ACL(Access Control List)에 대해 간략하게 설명하시오.

▶ 객체 접근이 허가된 주체들과 해당 주체가 허가받은 접근 종류들이 기록된 목록

196. 다음 보기의 빈칸 (A), (B), (C)에 각각 알맞은 단어를 적으시오.

보기

낙뢰 혹은 강전류전선과의 접촉 등으로 (A) 또는 이상전압이 유입될 우려가 있는 방송통신설비에 과전류 또는 (B)를 방전시키거나 이를 제한 또는 차단하는 (C)가 설치되어야 함.

▶ (A) 이상전류 / (B) 과전압 / (C) 보호기

관련 지식(Related Knowledge)
방송통신설비의 기술기준에 관한 규정 제2장 일반적 조건의 제7조

제7조(보호기 및 접지)
① 벼락 또는 강전류전선과의 접촉 등으로 이상전류 또는 이상전압이 유입될 우려가 있는 방송통신설비에는 과전류 또는 과전압을 방전시키거나 이를 제한 또는 차단하는 보호기가 설치되어야 한다. <개정 2011. 1. 4., 2017. 4. 25.>
② 제1항에 따른 보호기와 금속으로 된 주배선반·지지물·단자함 등이 사람 또는 방송통신설비에 피해를 줄 우려가 있을 경우에는 접지되어야 한다. <개정 2011. 1. 4.>
③ 제1항 및 제2항에 따른 방송통신설비의 보호기 성능 및 접지에 대한 세부기술기준은 과학기술정보통신부장관이 정하여 고시한다.

추가 유형 문제
낙뢰 등의 과도한 충격 전압 유입으로 인해 발생할 수 있는 '전자 장치 손상 및 소프트웨어 오작동' 문제를 방지하기 위해 고안된 장비가 무엇인지 적으시오.
답) 서지 보호기(=서지 프로텍터, Surge Protector)

197. 하드웨어적이지 않은 문제를 모니터링하는 것으로 네트워크상에 흐르는 데이터프레임을 캡처하고 디코딩하여 분석한다.(SW 또는 SW와 HW의 조합) LAN의 병목현상, 응용 프로그램 실행 오류, 프로토콜의 설정 오류, 네트워크 카드의 충돌 오류 등을 분석하는 장비의 명칭이 무엇인지 적으시오.

▶ 프로토콜 분석기(Protocol Analyzer)

198. 건설사업관리기술인은, 시공자로부터 전체 실시공정표에 의한 월간 상세 공정표와 주간 상세공정표를 사전에 제출받아 검토하여 공사감독자에게 보고 하여야 한다. 월간 상세공정표와 주간 상세공정표 각각은 작업착수 며칠 전에 제출되어야 하는지 적으시오.

▶ 월간 상세공정표 => 작업착수 1주 전에 제출

▶ 주간 상세공정표 => 작업착수 2일 전에 제출

199. 캐리어 이더넷(Carrier Ethernet)의 특징 4가지를 서술하시오.

① 표준화된 서비스
② 서비스 품질
③ 서비스 관리
④ 신뢰성

200. 보기를 통해 무엇에 관한 설명인지 서술하시오.

보기

OSI 기본 참조 모델의 응용 계층에 적용되며, 조직적이고 대규모 네트워크 관리를 위한 프로토콜이다.

▶ CMIP(Common Management Information Protocol)

201. 단일 세그먼트 범위를 넘는 물리적 전송 채널 길이, 토폴로지 또는 상호 접속성을 확장하기 위해 사용되는 네트워크 디바이스는 무엇인지 서술하시오.

▶ 리피터

202. 착공계에 기재되어야 하는 항목 5가지에 관해 서술하시오.

▶ 공사명, 공사금액, 계약년월일, 착공년월일, 준공년월일

관련 지식(Related Knowledge)

'착공'이란 공사를 시작함을 의미한다.
'착공계'란 공사현장의 안전관리자, 현장대리인 등 관련자들과의 계약 내용을 기록한 문서.
'착공계 구비서류'란 착공계를 제출할 때 함께 제출해야 하는 서류를 의미한다.

203. 다음은 '□□□ 정보통신공사'에 관한 착공계 양식의 일부이다. (가)와 (나)에 들어갈 내용을 순차적으로 적으시오.

▶ (가) 착공 / (나) 준공

착공계 : 서울시 정보통신 광케이블 공사

공사명 : 서울시 정보통신 광케이블 공사

도급액 : 300억

계약년월일 : 2020년 01월 06일

(가) 년월일 : 2020년 05월 04일

(나) 년월일 : 2020년 12월 30일

204. 광섬유 케이블 자체 손실 3가지를 서술하시오.

① 흡수 손실
② 산란 손실
③ 구조 불완전에 의한 손실

205. 보기를 통해 무엇에 관한 설명인지 서술하시오.

> 공사의 착공부터 완성까지의 관련 일정, 작업량, 공사명, 계약 금액 등 시공계획을 미리 정하여 나타낸 관리 도표 서식이다.

▶ 공사예정공정표

206. 다음 TCP/IP 프로토콜의 설명에 알맞은 명칭을 각각 서술하시오.

① 웹 서버와 사용자의 상호 통신을 위한 프로토콜
② 전자 메일을 전송할 때 이용하는 프로토콜
③ 파일 또는 파일의 일부를 전송하기 위한 프로토콜

▶ ① HTTP / ② SMTP / ③ FTP

207. ATM Cell의 구조를 표현하고, 각 필드의 길이를 적으시오.

정답

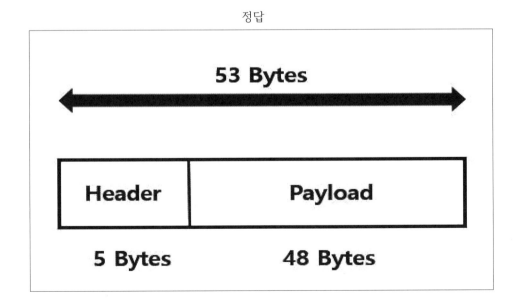

86

208. HDLC 프레임 중, 오직 제어 정보만 포함하는 감시프레임(Supervisory Frame)에서 사용하는 명령어 4가지를 적으시오.

① RR(=Receive Ready)
② RNR(=Receive Not Ready)
③ REJ(=Reject)
④ SREJ(=Selective Reject)

추가 유형 문제
HDLC 프레임의 종류 3가지를 적으시오.

답) 정보 프레임, 감시 프레임, 비번호 프레임

---

209. 다음 표의 빈칸을 채우시오.

표

Protocol	대역폭(MHz)	주파수(GHz)
	20 MHz / 40 MHz	2.4 GHz / 5 GHz
802.11g		

정답 표

Protocol	대역폭(MHz)	주파수(GHz)
802.11n	20 MHz / 40 MHz	2.4 GHz / 5 GHz
802.11g	20 MHz	2.4 GHz

관련 지식(Related Knowledge)

무선LAN 802.11 프로토콜 종류에 따른 특징은 다음과 같다.

Protocol	대역폭(MHz)	주파수(GHz)	전송속도	전송방식
802.11a	20 MHz	5 GHz	54 Mbps	OFDM
802.11b	20 MHz	2.4 GHz	11 Mbps	DSSS
802.11g	20 MHz	2.4 GHz	54 Mbps	OFDM
802.11n	20 MHz 40 MHz	2.4 GHz 5 GHz	600 Mbps	OFDM
802.11ac	20 MHz 40 MHz 80 MHz 160 MHz	5 GHz	1 Gbps	OFDM

추가 유형 문제

MIMO(Multiple Input Multiple Output) 기술 관련 프로토콜을 적으시오.

답) IEEE 802.11n

2003년 6월에 제정된 무선LAN 규격이 무엇인지 적으시오.

답) IEEE 802.11g

210. 다음 보기의 빈칸 (가), (나)에 각각 알맞은 단어를 적으시오.

보기

> (가) 프로토콜은 인터넷 IP 주소를 물리 주소(MAC 주소)로 변환하기 위해 사용되는 프로토콜이다. 한편, (나) 프로토콜은 이와 반대의 기능을 수행한다.

▶ (가) ARP / (나) RARP

> *추가 유형 문제*
> TCP/IP 4계층 中 인터넷 계층에 해당하는 프로토콜 종류를 적으시오.
>
> 답) IP, ICMP, IGMP, ARP, RARP

211. 오실로스코프(Oscilloscope)의 용도(측정 기능) 5가지에 대해 서술하시오.

① 주기 측정
② 위상 측정
③ 전압 측정
④ 진폭 측정
⑤ 주파수 측정

212. 아래에 언급된 오실로스코프의 버튼에 대해 간략하게 설명하시오.

① Volt/Div
=> 오실로스코프의 수직 눈금을 사용하여 전압을 조정 및 측정함

② Time/Div
=> 오실로스코프의 수평 눈금을 사용하여 시간을 조정 및 측정함

213. 스펙트럼 분석기(Spectrum Analyzer)의 용도 4가지에 대해 서술하시오.

① 왜곡 측정
② 주파수 측정
③ 대역폭 측정
④ SNR 측정(=신호 대 잡음 비 측정)

214. 통신 시스템에서 노이즈를 제거하기 위한 부품에 대해 적으시오.

① 노이즈 필터(Noise Filter)
② 배리스더(Varistor)

215. 이동통신에서 ① 사용자의 위치를 저장하는 서버와 ② 방문자의 위치를 저장하는 서버가 무엇인지 각각 약어와 원어를 순차적으로 서술하시오.

① HLR = Home Location Register
② VLR = Visitor Location Register

216. 반송파의 진폭과 위상을 이용하여(ASK & PSK) 데이터를 전송하는 변조 방식이 무엇인지 서술하시오.

▶ QAM(Quadrature Amplitude Modulation=직교 진폭 변조)

217. 감리원은 안전계획 내용을 바탕으로, 안전점검(안전조치·점검이행 확인)을 실시해야 한다. 이와 관련한 안전점검의 종류 3가지를 서술하시오.

① 자체안전점검
② 정기안전점검
③ 정밀안전점검

218. PAD(Packet Assembly-Disassembly)와 관련한 X 시리즈 3가지를 모두 적으시오.

① X.3

② X.28

③ X.29

추가 유형 문제

PAD와 관련한 X 시리즈 3가지에 대해서 간략하게 설명하시오.

▷X.3 : PDN에서 패킷을 분해 및 조립하는 디바이스

▷X.28 : 스테이션 안의 PDN에 연결하는 DTE/DCE 접속

▷X.29 : 패킷형 DTE와 PAD 사이의 제어 정보와 데이터 교환을 위한 절차

---

219. 다음 보기는 RIP(Routing Information Protocol)와 관련된 설명이다. 빈칸 (①), (②), (③)에 각각 알맞은 단어를 적으시오.

보기

RIP(Routing Information Protocol)은 (①)를 이용하는 가장 대표적인 라우팅 프로토콜이다. (①)는 (②) 수를 모아 놓은 정보를 바탕으로 (③) 테이블을 작성한다.

① 거리 벡터(=Distance Vector)

② 홉(=Hop)

③ 동적 라우팅

220. 다음 보기의 빈칸 (가), (나)에 각각 알맞은 숫자를 적으시오.

보기

> 도로상에 설치되는 가공통신선의 높이는 노면으로부터 (가) M 이상으로 한다. 다만, 교통에 지장을 줄 우려가 없고 시공상 불가피할 경우 보도와 차도의 구별이 있는 도로의 보도 상에서는 (나) M 이상으로 한다.

▶ (가) 4.5 / (나) 3

관련 지식(Related Knowledge)
접지설비·구내통신설비·선로설비 및 통신공동구등에 대한 기술기준 제3장의 제11조

제11조(가공통신선의 높이)
① 설치장소 여건에 따른 가공통신선의 높이는 다음 각 호와 같다.
1. 도로상에 설치되는 경우에는 노면으로부터 4.5m이상으로 한다. 다만, 교통에 지장을 줄 우려가 없고 시공상 불가피할 경우 보도와 차도의 구별이 있는 도로의 보도 상에서는 3m이상으로 한다.
2. 철도 또는 궤도를 횡단하는 경우에는 그 철도 또는 궤조면으로 부터 6.5m이상으로 한다. 다만, 차량의 통행에 지장을 줄 우려가 없는 경우에는 그러하지 아니하다.
3. 7,000V를 초과하는 전압의 가공강전류전선용 전주에 가설되는 경우에는 노면으로부터 5m 이상으로 한다.
4. 제1호 내지 제3호 및 제2항 이외의 기타지역은 지표상으로부터 4.5m이상으로 한다. 다만, 교통에 지장을 줄 염려가 없고 시공상 불가피한 경우에는 지표상으로부터 3m이상으로 할 수 있다.

② 가공선로설비가 하천 등을 횡단하는 경우에는 선박 등의 운행에 지장을 줄 우려가 없는 높이로 설치 하여야 하며, 헬리콥터 등의 안전운항에 지장이 없도록 안전표지(항공표지등)가 설치되어야 한다.

---

221. 보기를 활용하여 해밍 코드(Hamming Code)의 성립 조건을 표현하시오.

보기

> m = 데이터 비트 수 / p = 패리티 비트 수

▶ $2^p \geq m + p + 1$

222. PN 부호가 가지는 주요 특성 4가지를 서술하시오.

① 예리한 자기상관 특성
② 런(Run) 특성
③ 천이(Shift) 특성
④ 평형(Balance) 특성

223. 가상사설망(VPN)의 기능 4가지에 대해 서술하시오.

① 암호화 기능
② 터널링 기능
③ 사용자 인증 기능
④ 사설망 서비스 기능

224. RFID(=Radio Frequency Identification)에 대해 간략히 설명하시오.

▶ 무선 주파수를 이용해 물건 또는 사람 등의 정보를 식별할 수 있게 해 주는 인식기술

225. BcN(=Broadband convergence Network)에 대해 간략히 설명하시오.

▶ 통신, 방송 등이 융합된 광대역 멀티미디어 서비스를 안전하게 이용할 수 있는 통합 네트워크

226. DMB(=Digital Multimedia Broadcasting)에 대해 간략히 설명하시오.

▶ 음성 및 영상 등을 디지털 신호로 변환하여 고정 또는 휴대용 수신기에 제공하는 방송 서비스

227. 통신 프로토콜의 기능 6가지를 적고 각각에 대해 설명하시오.

① 주소지정(Addressing)
=> 전송하는 데이터에 송신측과 수신측의 주소를 설정하는 기능

② 오류제어(Error Control)
=> 전송된 데이터에 대한 오류 검사 또는 재전송을 요구하는 기능

③ 캡슐화(Encapsulation)
=> 전송하는 데이터에 여러 가지 제어 정보를 추가하는 기능

④ 다중화(Multiplexing)
=> 하나의 통신 회선을 통해 다수가 동시에 사용할 수 있게 하는 기능

⑤ 동기화(Synchronization)
=> 송신측과 수신측 상호 간의 여러 가지 상태를 일치시키는 기능

⑥ 순서결정(Sequencing)
=> 송신측이 보낸 데이터의 단위 순서대로 수신측에 전달되는 기능

228. 정보통신 시스템에서 DTE와 DCE 사이의 접속 관계를 표시해 주는 인터페이스의 특성 조건 4가지에 대해서 적으시오.

① 전기적 특성 조건
② 기계적 특성 조건
③ 기능적 특성 조건
④ 절차적 특성 조건

229. DTE의 4가지 기능에 대해서 적으시오.

① 입·출력 기능
② 입·출력 제어 기능
③ 송·수신 제어 기능
④ 오류 제어 기능

230. 반송파가 누설되는 원인 3가지에 대해서 서술하시오.

① 전원 전압의 변화
② 수정발진기의 온도변화
③ 수정발진기와 관련된 부하변화

231. 보기를 참고하여 어떤 종류의 디지털 변조 방식을 설명한 것인지 알맞은 용어를 서술하시오.

보기

$$A : 진폭(Amplitude) \quad f_c : 주파수 \quad \pi : 위상$$

$$1 : A\sin(2\pi f_c t) \qquad 0 : A\sin(2\pi f_c t + \pi)$$

▶ BPSK(Binary Phase Shift Keying)

232. QoS(Quality of Service)에 대해서 설명하시오.

=> 사용자에게 제공되는 통신 서비스의 품질 척도를 의미한다. QoS와 관련된 파라미터로는 대역폭, 지연, 지터 등이 있다.

233. 다음 표는 TCP와 UDP의 특성을 비교한 것이다. 표의 빈칸을 채우시오.

표

	TCP	UDP
서비스		
패킷의 도착순서		
흐름 및 순서 제어		

정답 표

	TCP	UDP
서비스	연결 지향 서비스	비연결 지향 서비스
패킷의 도착순서	전송 순서와 같음 (순서를 보장함)	전송 순서와 다름 (순서를 보장하지 않음)
흐름 및 순서 제어	지원함	지원하지 않음

234. Shared LAN의 특징 3가지에 대해서 서술하시오.

① 공유 매체 기반의 LAN을 구성
② 모든 단말로 프레임이 전송됨
③ 관련 네트워크 토폴로지 구현의 용이함

235. Switched LAN의 특징 3가지에 대해서 서술하시오.

① 스위치 기반의 LAN을 구성
② 지정된 목적지로만 프레임을 전송
③ 각 단말에 대해 전용(Dedicated) 방식을 지원

236. 다중화 장비와 집중화 장비에 대해서 정의하고 주된 차이점에 대해서도 설명하시오.

① 다중화 장비(Multiplexer)
=> 하나의 통신 회선에 다수의 저속채널을 결합시켜 전송하는 장비

② 집중화 장비(Concentrator)
=> 소수의 통신 회선에 다수의 저속채널을 결합시켜 전송하는 장비

▶ 다중화 장비와 집중화 장비의 주된 차이점

다중화 장비	집중화 장비
버퍼가 필요하지 않음	버퍼가 필요함
회선을 정적으로 이용	회선을 동적으로 이용
전송 지연 거의 없음	전송 지연 있음
동기식	비동기식
입력 회선의 수 = 출력 회선의 수	입력 회선의 수 ≧ 출력 회선의 수

관련 지식(Related Knowledge)

입력 회선의 수와 출력 회선의 수를 각각 S와 H로 대체 표현하여 출제하는 경우도 있다.

237. 다음은 L2 Switch 기능들에 관하여 설명한 것이다. 각각의 내용을 읽고 알맞은 단어를 적으시오.

① 출발지 주소가 MAC Table에 없으면 해당 주소와 포트를 저장하는 기능
답) Learning

② 목적지 주소가 MAC Table에 없으면 전체 포트에 보내는 기능
답) Flooding

③ 일정 시간이 지나면 MAC Table의 각 주소가 삭제되는 기능
답) Aging

④ 목적지 주소가 MAC Table에 있으면 해당 포트로 보내는 기능
답) Forwarding

238. firewalld는 리눅스 OS를 위한 방화벽 관리 도구이며 zone(block zone, external zone, dmz zone 등)과 함께 활용된다. zone의 종류 중, 들어오는 모든 패킷을 삭제처리 시키지만 외부로 나가는 연결은 허용하는 특징을 지닌 zone이 있다. 해당 zone은 무엇인지 서술하시오.

▶ drop zone

239. 다음 보기를 읽고 무엇에 관한 설명인지 알맞은 단어를 서술하시오.

보기

내부 네트워크에 존재하지만 외부에서 접근이 가능한 특수 네트워크의 영역으로 공개 웹서버, 프락시 서버 등이 해당 영역에 배치된다.

▶ DMZ

240. PCM 전송 방식과 관련하여 양자화 잡음(Quantizing Noise)의 원인과 이에 대한 개선 방안 3가지에 관해 서술하시오.

▶ 양자화 잡음의 원인
=> 아날로그 신호를 양자화된 신호로 구현하는 과정에서 생긴 오차

▶ 양자화 잡음의 원인 개선 방안 3가지
① 비선형 양자화 기법 적용
② 양자화 스텝(Step) 수를 증가시킴
③ 압신기(Compander)를 사용함

241. PCM 전송 방식에는 3단계의 A/D 변환과정이 구성되어 있다. 3단계의 A/D 변환과정을 알맞게 적으시오.

▶ 표본화 → 양자화 → 부호화

242. 다음 보기의 빈칸 (ㄱ)에 알맞은 숫자를 적으시오.

보기

가공통신선의 지지물과 가공 강전류전선 간 이격거리는 가공 강전류전선의 사용전압이 특고압 강전류절연전선일 때는 (ㄱ) M 이상이다.

▶ (ㄱ) 1

243. 보기를 통해 무엇에 관한 설명인지 서술하시오.

보기

컴퓨터 사용자와 인터넷 사이에서 데이터를 중계하는 역할을 담당하는 서버로서 인터넷 보안, 관리적 차원의 규제, 캐시 서비스 등을 제공한다.

▶ 프락시 서버(Proxy server)

244. 보기를 참고하여 어떤 접지전극 시공방법인지 서술하시오.

보기

① 정해진 길이의 설계된 면적 기준으로 시공 대상 지역을 굴착한다.
② 나동선을 일정한 간격의 그물 형태로 매설한다.
③ 해당 접지선의 각 연결점을 발열 용접 등으로 접속한다.
④ 외부 접지선을 연결하여 인출할 수 있다.
⑤ 대지 저항률이 높고 부지가 넓은 곳에 적합한 시공방법이다.

▶ 메시 접지(=Mesh 접지)

245. 접지저항 측정법 중 3점 전위강하법의 측정 절차를 서술하시오.

① 접지전극(E), 전위전극(P), 전류전극(C) 순으로 일직선 배치한다.

② (E)와 (C) 사이에 시험 전류를 인가한다. ※ P, C ∈ 보조전극

③ 전위전극 측정 시 별도의 평탄한 지점을 확인하도록 한다.

④ 토양이 균일하면, (E)와 (C)의 61.8% 지점에서 접지저항을 측정

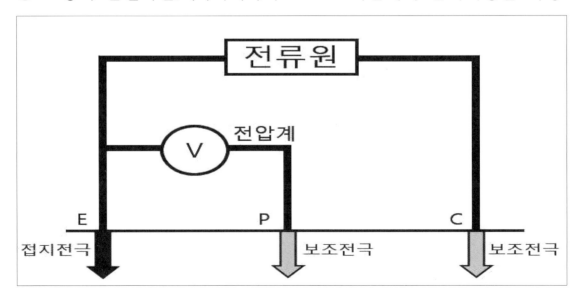

246. 표는 FDM(Frequency Division Multiplexing)과 TDM(Time Division Multiplexing)을 비교하여 작성한 것이다. 빈칸에 알맞은 말을 적으시오.

표

	FDM(주파수 분할 다중화)	TDM(시분할 다중화)
채널 간 완충대역	보호 대역	
망 구성 방식	멀티 포인트	포인트 투 포인트
데이터 전송 방식		동기식·비동기식 전송
다중화기 전송 속도	저속	고속
누화 잡음의 영향		
신호의 형태	아날로그	디지털
기술 구현의 용이성		

정답 표

	FDM(주파수 분할 다중화)	TDM(시분할 다중화)
채널 간 완충대역	보호 대역	보호 시간
망 구성 방식	멀티 포인트	포인트 투 포인트
데이터 전송 방식	비동기식 전송	동기식·비동기식 전송
다중화기 전송 속도	저속	고속
누화 잡음의 영향	크다	작다
신호의 형태	아날로그	디지털
기술 구현의 용이성	간단함	복잡함

관련 지식(Related Knowledge)

시분할 다중화 방식이란 하나의 회선을 복수의 채널로 다중화하는 방식으로, 동기식 시분할 다중화(STDM) 방식과 비동기식 시분할 다중화(ATDM) 방식으로 나누어진다.

247. ATM과 STM의 특징에 대해 주된 차이점을 포함하여 각각 서술하시오.

▶ ATM(Asynchronous Transfer Mode) : 비동기 전송 모드

① B-ISDN(광대역 종합 정보통신망) 관련 기술
② 비동기식 다중화 방식
③ 전송 단위 : 셀(Cell)
④ 가변적 전송지연
⑤ 통신회선 이용 효율이 높음

▶ STM(Synchronous Transfer Mode) : 동기 전송 모드

① N-ISDN(협대역 종합 정보통신망) 관련 기술
② 동기식 다중화 방식
③ 전송 단위 : 프레임(Frame)
④ 일정한 전송지연
⑤ 통신회선 이용 효율이 낮음

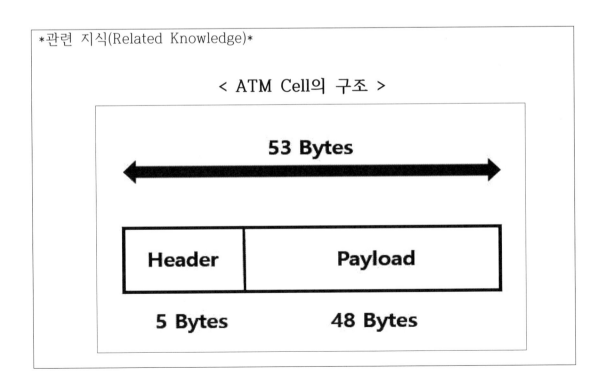

관련 지식(Related Knowledge)

< ATM Cell의 구조 >

53 Bytes

Header	Payload
5 Bytes	48 Bytes

248. T1 반송 시스템을 통해 음성신호를 PCM방식으로 전송하려 한다. PCM 전송 방식과 관련하여 '표본화, 양자화, 부호화, 다중화'에 대해 설명하시오.

① 표본화
=> 아날로그 신호에서 표본 값인 PAM 신호를 추출하는 과정

② 양자화
=> 표본화된 PAM 신호를 이산적인 값으로 변환하는 과정

③ 부호화
=> 양자화된 신호를 디지털 신호로 변환하는 과정

④ 다중화
=> 하나의 통신 회선에 다수의 저속채널을 결합시켜 전송하는 방식

249. 다음 보기를 읽고 무엇에 관한 설명인지 알맞은 단어를 서술하시오.

보기

> ITU-T에서 제정한 X 표준 중 하나로 패킷 전송을 위한 DTE와 DCE 사이의 접속 규정이다. 가상 회선 교환 방식의 대표적인 예로서 패킷 교환망(PSDN)과 관련이 있다.

▶ X.25

250. 번호 계획(Numbering Plan) 관련 번호 부여 방식 2가지를 서술하시오.

① 개방 번호 방식(Open Numbering System)
② 폐쇄 번호 방식(Closed Numbering System)

251. 다음 보기를 읽고 무엇에 관한 패킷 교환방식인지 서술하시오.

> 각 패킷을 전송하기 전에 사전 경로의 구성이 필요하지 않다. 목적지로의 경로를 독립적으로 처리하며 순서와 무관하게 전달하는 비연결형 서비스 방식이다. 혹여 노드에 문제가 발생하더라도 우회 경로를 이용하여 전송하므로 신뢰성이 높다.
> - 짧은 메시지와 같은 데이터를 전송할 때 효율적이다.
> - 독립적인 라우팅으로 인해 패킷의 도착순서가 어긋날 수 있다.
> - 호(Call) 설정 지연이 없으며, 통신 혼잡을 피해 경로를 구성하는 융통성이 있다.

▶ 데이터그램 방식

252. 다음 보기의 빈칸 (가), (나)에 각각 알맞은 숫자와 단위를 적으시오.

> 접지선은 접지 저항의 값이 (가) 이하인 경우에는 2.6mm이상, 접지 저항의 값이 100Ω 이하인 경우에는, 직경 (나) 이상의 PVC 피복 동선 또는 그 이상의 절연 효과가 있는 전선을 사용하고 접지극은 부식이나 토양오염 방지를 고려한 도전성 재료를 사용한다. 단, 외부에 노출되지 않는 접지선의 경우에는 피복을 아니 할 수 있다.

▶ (가) 10Ω / (나) 1.6mm

> *관련 지식(Related Knowledge)*
> 접지설비·구내통신설비·선로설비 및 통신공동구등에 대한 기술기준 제2장의 제5조
>
> 제5조(접지저항 등)
> ④ 접지선은 접지 저항값이 10Ω이하인 경우에는 2.6mm이상, 접지 저항값이 100Ω이하인 경우에는 직경 1.6mm이상의 피·브이·씨 피복 동선 또는 그 이상의 절연효과가 있는 전선을 사용하고 접지극은 부식이나 토양오염 방지를 고려한 도전성 재료를 사용한다. 단, 외부에 노출되지 않는 접지선의 경우에는 피복을 아니할 수 있다.

253. 다음 보기를 읽고 ①, ②, ③, ④, ⑤에 각각 알맞은 숫자 또는 단어를 적으시오. (숫자 기입 시, 단위 표시에도 주의하시오)

보기

지중통신선을 지중강전류전선으로부터 ① (지중강전류전선이 특고압일 경우에는 ②) 이내의 거리에 설치하는 경우에는 지중통신선과 지중강전류전선간에는 설치 장소에서 발생할 수 있는 화염에 견딜 수 있는 ③ 을 설치하여야 한다.

지중통신선의 금속체의 피복 또는 관로는 지중강전류전선의 금속체의 피복 또는 관로와 전기적 접촉이 있어서는 아니 된다. 다만, 전기철도 또는 전기 궤도의 귀선 으로부터 누출되는 직류전선에 의한 ④ 또는 강전류 설비로부터 방송통신설비에 유입되는 위험 전류를 방지하거나 제한하기 위해 ⑤ 또는 이와 유사한 보안장치를 통하여 접속하는 경우에는 예외로 할 수 있다.

① 30 cm
② 60 cm
③ 격벽
④ 부식
⑤ 휴즈·개폐기

관련 지식(Related Knowledge)
접지설비·구내통신설비·선로설비 및 통신공동구등에 대한 기술기준 제3장

제21조(지중통신선)
① 지중통신선을 지중강전류전선으로부터 30㎝ (지중강전류전선이 특고압일 경우에는 60㎝) 이내의 거리에 설치하는 경우에는 지중통신선과 지중강전류전선간에는 설치장소에서 발생할 수 있는 화염에 견딜 수 있는 격벽을 설치하여야 한다. 다만, 전기용품안전관리법에 의한 전기용품기술기준 중 수직 트레이 불꽃시험에 적합한 보호피복을 사용하고 상호 접촉되지 아니하도록 설치하는 경우로서 지중 강전류전선 설치자의 승낙을 얻은 경우에는 예외로 할 수 있다.

② 지중통신선의 금속체의 피복 또는 관로는 지중강전류전선의 금속체의 피복 또는 관로와 전기적 접촉이 있어서는 아니 된다. 다만, 전기철도 또는 전기궤도의 귀선으로부터 누출되는 직류 전선에 의한 부식 또는 강전류설비로부터 방송통신설비에 유입되는 위험전류를 방지하거나 제한하기 위하여 휴즈·개폐기 또는 이와 유사한 보안장치를 통하여 접속하는 경우에는 예외로 할 수 있다.

254. 다음의 그림을 참고하여 종합잡음지수를 올바른 식으로 표현하시오.

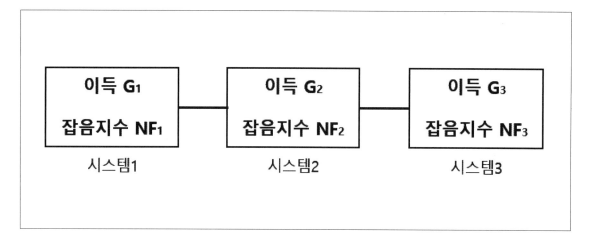

▶ 종합잡음지수 식

$$NF_{(\text{total})} = NF_1 + \frac{NF_2 - 1}{G_1} + \frac{NF_3 - 1}{G_1 G_2}$$

관련 지식(Related Knowledge)

종합잡음지수 식 전개

$$NF_1 + \frac{NF_2 - 1}{G_1} + \frac{NF_3 - 1}{G_1 G_2} + \cdots \frac{NF_N - 1}{G_1 G_2 \cdots G_{N-1}}$$

NF_1 이후 전개되는 분수식에 대해서는 다음을 주의할 필요가 있다.

분자의 F_N의 N의 조건 $(N \geqq 2)$

분모의 G_{N-1}의 N의 조건 $(N \geqq 2)$

255. 다음 보기를 읽고 (가), (나), (다) 질문에 각각 알맞은 답을 적으시오.

보기

> IP Address는 165.243.10.54이며, Subnet 마스크는 255.255.255.0이다.

(가) Subnet Masking은 몇 비트인지 적으시오.

▶ 24비트

Subnet 마스크 255.255.255.0은 11111111.11111111.11111111.00000000(2) 의미
즉, 연속된 1의 개수가 24개라는 뜻이며 이는 Subnet 값이 24비트임을 알려준다.

(나) Network Address를 적으시오.

▶ 165.243.10.0

IP Address인 165.243.10.54는 10100101.11110011.00001010.00110110(2) 의미
Subnet Mask 255.255.255.0은 11111111.11111111.11111111.00000000(2) 의미
IP Address와 Subnet Mask가 AND 연산을 적용한 값이 Network Address이다.
☞ 10100101.11110011.00001010.00000000(2)
Network Address는 상기와 같으며 165.243.10.0로 표현된다.

(다) 사용 가능한 Host의 개수는 얼마인지 적으시오.

▶ 254개

IP Address와 Subnet Mask가 AND 연산을 적용한 값이 Network Address이다.
☞ 10100101.11110011.00001010.00000000(2)
Network Address는 상기와 같으며 165.243.10.0로 표현된다.
한편, 10100101.11110011.00001010.00000000(2)에서 밑줄이 표시된 부분을 모두
1로 변환하면 165.243.10.255가 되는데 이를 브로드캐스트 주소라고 한다.
165.243.10.0~165.243.10.255에서 네트워크 주소(처음)와 브로드캐스트 주소(끝)를
제외한 총 254개(호스트의 개수)의 IP주소를 사용할 수 있다.

256. AON(Active Optical Network) 방식과 PON(Passive Optical Network) 방식의 정의와 특징에 대해서 각각 설명하시오.

▶ AON 방식
=> FTTH 구축에 필요한 기술로 능동 소자(증폭기 등)를 사용

① 전원 공급 필요
② 대규모 거주 지역에 유리
③ 유지보수 비용 증가

▶ PON 방식
=> FTTH 구축에 필요한 기술로 수동 소자(스플리터 등)를 사용

① 전원 공급 불필요
② 단독주택 등의 지역에 유리
③ 유지보수 비용 절감

257. CSMA/CD(=Carrier Sense Multiple-Access/Collision Detection)의 특징을 서술하시오.

① 이더넷 전송 프로토콜(IEEE 802.3의 표준 규격)
② 관련 장애처리가 어렵지 않음
③ 통신량이 많아질수록 채널 이용률이 떨어짐

258. CSMA/CA(=Carrier Sense Multiple-Access/Collision Avoidance)의 특징을 서술하시오.

① 무선 LAN 전송 프로토콜(IEEE 802.11의 표준 규격)
② 충돌 회피를 통한 오류제어가 용이함
③ 스테이션 수가 많아질수록 전송 효율이 떨어짐

259. 다음 보기의 빈칸 (가), (나), (다)에 각각 알맞은 숫자를 적으시오.

보기

> IP Address 체계에서 C 클래스의 네트워크 주소(Network Address)는 첫 번째 바이트의 첫 번째, 두 번째, 세 번째 비트가 각각 (가), (나), (다)인 주소이다. 해당 네트워크의 주소 범위는 192.0.0.~223.255.255. 이고 호스트 주소는 0~255이다.

▶ (가) 1 / (나) 1 / (다) 0

필수 암기

< 클래스별 IPv4 주소 범위 >

A 클래스	0.0.0.0	~	127.255.255.255
B 클래스	128.0.0.0	~	191.255.255.255
C 클래스	192.0.0.0	~	223.255.255.255
D 클래스	224.0.0.0	~	239.255.255.255
E 클래스	240.0.0.0	~	255.255.255.255

A 클래스(2진수 표현)	00000000.00000000.00000000.00000000 ~ 01111111.11111111.11111111.11111111
B 클래스(2진수 표현)	10000000.00000000.00000000.00000000 ~ 10111111.11111111.11111111.11111111
C 클래스(2진수 표현)	11000000.00000000.00000000.00000000 ~ 11011111.11111111.11111111.11111111
D 클래스(2진수 표현)	11100000.00000000.00000000.00000000 ~ 11101111.11111111.11111111.11111111
E 클래스(2진수 표현)	11110000.00000000.00000000.00000000 ~ 11111111.11111111.11111111.11111111

▷ 맨 앞의 첫 번째 비트가 0으로 시작되는 A 클래스의 경우
  네트워크 주소는 8비트(1~8번째 비트), 호스트 주소는 24비트(9~32번째 비트)로 할당된다.

▷ 첫 번째 비트와 두 번째 비트가 10으로 시작되는 B 클래스의 경우
  네트워크 주소는 16비트(1~16번째 비트), 호스트 주소는 16비트(17~32번째 비트)로 할당된다.

▷ 첫 번째 비트, 두 번째 비트, 세 번째 비트가 110으로 시작되는 C 클래스의 경우
  네트워크 주소는 24비트(1~24번째 비트), 호스트 주소는 8비트(25~32번째 비트)로 할당된다.

260. 각각의 IP주소에 알맞은 CLASS를 서술하시오.

① **10**001101.10001100.11111110.11101111 => B 클래스
② **110**01101.10001100.11111110.11101111 => C 클래스

261. AAL(ATM Adaption Layer)은 4가지 종류의 AAL 버전으로 구분된다. 각각의 특성에 알맞은 AAL 버전을 적으시오.

① 고정된 속도로 비디오 및 음성과 같은 데이터의 전송을 지원
답) AAL 1

② 가변적 속도로 데이터 패킷 전송을 제공
답) AAL 2

③ 가상 회선 또는 데이터그램 전송과 같은 패킷 교환 방식 지원
답) AAL 3/4

④ 고속의 데이터 전송에 적합하며 오버헤드를 줄임. 순서제어와 오류제어가 필요하지 않으며 현재 가장 널리 사용되고 있음
답) AAL 5

262. 각각의 서비스 CLASS를 지원하기 위한 AAL Type 4가지 종류에 대해 서술하시오.

① AAL 1
② AAL 2
③ AAL 3/4
④ AAL 5

263. ATM의 서비스 종류 4가지를 서술하시오.

① ABR(=Available Bit Rate)
② CBR(=Constant Bit Rate)
③ VBR(=Variable Bit Rate)
④ UBR(=Unspecified Bit Rate)

관련 지식(Related Knowledge)

VBR은 실시간 응용 여부에 따라서 RT-VBR(Real Time-VBR)과 NRT-VBR(Non Real Time-VBR)의 두 종류로 나누어지기도 한다.

---

264. ATM 참조 모델의 3가지 평면(Plane)에 대해서 설명하시오.

① 사용자 평면(User Plane)
=> 사용자의 정보를 전송하는 기능을 수행

② 제어 평면(Control Plane)
=> 호출 설정, 연결 제어 등의 기능을 수행

③ 관리 평면(Management Plane)
=> 계층 관리와 평면 관리의 2가지 기능을 통합 수행

265. B-ISDN의 ATM 참조 모델 3가지 하위 계층에 대해서 서술하시오.

① ATM 적응 계층
② ATM 계층
③ 물리 계층

266. 다음 보기를 읽고 무엇에 관한 설명인지 알맞은 단어를 서술하시오.

국선 접속 설비를 제외한 구내 상호간 및 구내·외간의 통신을 위하여 구내에 설치하는 케이블, 선조, 이상 전압 전류에 대한 보호 장치 및 전주와 이를 수용하는 관로, 통신터널, 배관, 배선반, 단자 등과 그 부대설비

▶ 구내통신선로설비

관련 지식(Related Knowledge)
방송통신설비의 기술기준에 관한 규정 제3조(정의)

"구내통신선로설비"란 국선접속설비를 제외한 구내 상호간 및 구내·외간의 통신을 위하여 구내에 설치하는 케이블, 선조(線條), 이상전압전류에 대한 보호 장치 및 전주와 이를 수용하는 관로, 통신터널, 배관, 배선반, 단자 등과 그 부대설비를 말한다.

267. 다음 표는 공사 예정공정표에 관한 것이다. 빈칸 (가)에 알맞은 단어를 서술하시오.

공사 예정공정표

공 사 명 :   공사기간 : 2019.01.02.~2019.12.31

일 자 (가)	○월	○월	○월	○월	○월	○월
01. 가설공사						
02. 전기통신공사						
03. 기계설비공사						
04. 기타공사						

▶ (가) 공종

268. 다음 표는 북미방식과 유럽방식의 PCM 특성을 비교한 것이다. 제시된 표의 빈칸을 채우시오.

표

	북미방식(T1)	유럽방식(E1)
전송 속도		
표본화 주파수 (KHz)		
프레임(Frame)당 비트수		
① 프레임(Frame)당 채널 수 ② 프레임(Frame)당 통화로 수	① ②	① ②
압신(Companding) 법칙		

정답 표

	북미방식(T1)	유럽방식(E1)
전송 속도	1.544 Mbps	2.048 Mbps
표본화 주파수 (KHz)	8 KHz	8 KHz
프레임(Frame)당 비트수	193 비트	256 비트
① 프레임(Frame)당 채널 수 ② 프레임(Frame)당 통화로 수	① 24 ② 24	① 32 ② 30
압신(Companding) 법칙	μ-LAW	A-LAW

269. 북미방식(T1) 멀티프레임(Multi-Frame)의 특징을 열거하시오.

① 하나의 멀티프레임은 12개의 프레임으로 구성
② 프레임(Frame)당 채널 수 : 24개의 채널
③ 프레임(Frame)당 비트 수 : 193bit

관련 지식(Related Knowledge)

한 개의 채널은 8 비트로 구성되어 있다. 북미 방식 기준으로 하나의 프레임을 구성하는 비트 수는 '24개의 채널 × 8 비트 + 1비트(프레임 비트)'에 따라 193 비트가 된다. 1비트로 표현된 프레임 비트는 PCM 프레임의 동기를 유지하기 위해 필요한 것이다.

---

270. 유럽방식(E1) 멀티프레임(Multi-Frame)의 특징을 열거하시오.

① 하나의 멀티프레임은 16개의 프레임으로 구성
② 프레임(Frame)당 채널 수 : 32개의 채널
③ 프레임(Frame)당 비트 수 : 256bit

관련 지식(Related Knowledge)

한 개의 채널은 8 비트로 구성되어 있다. 그러므로 하나의 프레임을 구성하는 비트 수는 '32개의 채널 × 8 비트'에 따라 256 비트(유럽방식 기준)가 된다.

---

271. 광통신과 관련한 FWHM(=Full Width at Half Maximum, 반치전폭)에 대해서 설명하시오.

=> 스펙트럼에 대한 첨두값의 절반인 지점에서의 폭

272. 다음 표는 공사 예정공정표에 관한 것이다. 빈칸 (ㄱ)에 알맞은 단어를 서술하시오.

공사 예정공정표				
공 사 명 :			공사기간 : 2023.01.02.~2023.12.31	
공종	수량	(ㄱ)	기간	비고
01. 케이블공사	1	식		
02. 전기통신공사	1	식		
03. 토공사				
04. 기타공사				
특이사항				

▶ (ㄱ) 단위

273. 보기를 통해 무엇에 관한 설명인지 서술하시오.

보기

이용자가 정보통신설비 등을 이용하기 전에 관련된 정보통신설비가 기술 기준에 적합하게 시공되었는지를 검사하는 제도

▶ 사용전검사 제도

274. 보기를 통해 무엇에 관한 설명인지 서술하시오.

보기

유·무선 장비를 설치하여 상대 통신소와 상호 조정을 통해 최초의 통신망을 개통하는 시험

▶ 개통시험

275. 데이터 전송 시스템에서의 전송제어의 수행기능에 대해서 4가지를 적고 각각에 대해서 간단하게 설명하시오.

① 입출력 제어
=> 입출력을 위해 입출력 장치의 동작을 지시 또는 제어함

② 동기 제어
=> 둘 이상의 프로세스 상호 간 제어의 흐름을 정확하게 함

③ 오류 제어
=> 전송할 때 발생하는 부호 오류를 검출하고 교정함

④ 회선 제어
=> CPU와 다수의 통신 회선 간 데이터의 상호 전송을 제어함

276. 회선 교환망과 패킷 교환망에 대하여 각각의 정의 및 특징을 서술하시오.

① 회선 교환망
=> 통신하고자 하는 두 지점을, 교환기를 이용해 물리적으로 연결시키는 방식이다. 많은 양의 정보를 연속적으로 송수신하는 통신 서비스에 적합하다.

② 패킷 교환망
=> 축적 교환 방식 중 하나로, 메시지를 일정한 길이의 패킷으로 분할하여 전송하는 방식이다. 네트워크 계층에 해당하며, 가상회선 방식과 데이터그램 방식을 포함한다.

277. 보기를 통해 무엇에 관한 설명인지 서술하시오.

보기

하이퍼텍스트(HyperText) 문서를 송수신하기 위해 사용되는 응용계층에 해당하는 프로토콜이다. 클라이언트가 서버에 전송하는 요청메시지, 서버가 클라이언트에게 회신하는 응답메시지가 있다. **80번**의 공식 포트를 사용한다.

▶ HTTP(Hyper Text Transfer Protocol)

한편, HTTPS(HTTP over Secure Sockets Layer)는 443번의 포트를 사용한다.

278. 다음은 OSI 7계층 중 일부에 관한 특징을 서술한 것이다. (a), (b), (c) 빈칸에 알맞은 계층을 적으시오.

표

문제	계층별 특징
(a)	기계적·기능적·전기적 특성을 정의
(b)	로그인·로그아웃, 동기화 기능을 수행
(c)	전자우편 및 파일전송 등의 서비스를 제공

정답 표

문제	계층별 특징
(a) 물리 계층	기계적·기능적·전기적 특성을 정의
(b) 세션 계층	로그인·로그아웃, 동기화 기능을 수행
(c) 응용 계층	전자우편 및 파일전송 등의 서비스를 제공

279. ATSC 디지털 방송 기술에서 사용되는 비디오 압축 방식과 오디오 압축
방식에 관해 각각을 서술하시오.

▶ 비디오 압축 방식 => MPEG-2

▶ 오디오 압축 방식 => AC-3

280. TIA/EIA-568 B를 기준으로 다이렉트 케이블을 제작하려고 한다. 보기의
빈칸 (가), (나)에 알맞은 색을 적으시오.

보기

흰색 주황색	(가)	흰색 녹색	파랑색	(나)	녹색	흰색 갈색	갈색

정답

흰색 주황색	주황색	흰색 녹색	파랑색	흰색 파랑색	녹색	흰색 갈색	갈색

281. TIA/EIA-568 A를 기준으로 크로스 케이블을 제작하려고 한다. 보기의
빈칸 (A), (B)에 알맞은 색을 적으시오.

보기

흰색 녹색	녹색	흰색 주황색	(A)	흰색 파랑색	주황색	(B)	갈색

정답

흰색 녹색	녹색	흰색 주황색	파랑색	흰색 파랑색	주황색	흰색 갈색	갈색

282. 전송계층 프로토콜과 관련한 서비스 클래스 0, 1, 2, 3, 4에 대해 간단히 설명하시오.

① Class 0
=> 심플 클래스로 기본 기능 제공

② Class 1
=> 오류 복구 기능 제공

③ Class 2
=> Class 0에 다중화 기능을 부가함

④ Class 3
=> Class 1에 다중화 기능을 부가함

⑤ Class 4
=> 오류 탐지 및 오류 복구 기능, 다중화 기능 제공

283. 데이터 압축을 하는 목적과 대표적인 2가지 압축 방식의 차이점에 관해 적으시오.

▶ 데이터 압축을 하는 목적
=> 데이터 전송 시간 단축 및 저장 공간의 효율적 이용

① 손실 압축 방식
=> 압축한 데이터 복원 시, 압축 전 데이터와 불일치

② 무손실 압축 방식
=> 압축한 데이터 복원 시, 압축 전 데이터와 일치함

284. 다음 보기의 빈칸 (A)에 알맞은 단어를 적으시오.

보기

입찰 참가자가 입찰 가격의 결정 및 시공에 요구되는 정보를 제공하고 서면으로 시행하고자 하는 공사의 전반적인 사항에 대해 설명하는 문서이다. (A)는 입찰 전 공사가 진행될 현장에서 현장 상황, 설계도면, 시방서에 표시하기 어려운 사항을 명시한다.

▶ (A) 현장설명서

285. 다음 전송제어문자의 원어와 정의를 각각 서술하시오.

① SOH
=> Start Of Heading, 헤딩의 시작

② ETX
=> End of Text, 본문의 종료

③ EOT
=> End of Transmission, 전송 종료 및 데이터 링크 해제

④ ENQ
=> Enquiry, 데이터 링크 설정 및 응답 요청

⑤ ACK
=> Acknowledge, 수신한 메시지에 대한 긍정적 응답

⑥ DLE
=> Data Link Escape, 데이터 투명성을 위해 삽입하는 제어문자

286. 표는 PDH(Plesiochronous Digital Hierarchy)와 SDH(Synchronous Digital Hierarchy)의 특성에 대해서 비교한 것이다. 다음 표의 빈칸 (가), (나), (다), (라)에 알맞은 말을 적으시오.

표

	PDH	SDH
다중화 방식	다단계 다중화 방식	(가)
프레임의 주기	일정하지 않음	일정함
계층화 구조	(나)	계층화 구조 방식
동기화 단위	비트(bit)	(다)
동기화 방법	(라)	포인터

정답 표

	PDH	SDH
다중화 방식	다단계 다중화 방식	1단계 다중화 방식
프레임의 주기	일정하지 않음	일정함
계층화 구조	비계층화 구조 방식	계층화 구조 방식
동기화 단위	비트(bit)	바이트(byte)
동기화 방법	비트 스터핑	포인터

287. SONET(Synchronous Optical Network) 계층의 STS(Synchronous Transport Signal) 프레임 오버헤더 3가지 종류의 원어와 각각에 대해 서술하시오.

① SOH
Section Over Header, 섹션 오버헤더
=> 다중화기·재생기 간 운용 및 구간 관리 등

② LOH
Line Over Header, 회선 오버헤더
=> 다중화기 간 오류 검출 및 회선 관리 등

③ POH
Path Over Header, 경로 오버헤더
=> 종단 간 경로의 감시 및 상태 정보 파악 등

288. 토큰 패싱 방식의 장점과 단점을 각각 3가지씩 서술하시오.

▶ 토큰 패싱 방식의 장점

① 노드 간 충돌 발생 없음
② 트래픽이 많을 때에도 안정적으로 작동
③ 단말기 고장 시, 다른 단말기로 우회하여 통신 가능

▶ 토큰 패싱 방식의 단점

① 기술 구현의 복잡함
② 토큰 분실 가능성이 존재함
③ 노드가 증가할수록 성능이 떨어짐

289. NRZ(NRZ-L)와 RZ(복류 RZ)에 대해 설명하고 '01101001'의 데이터에 대응하는 NRZ와 RZ 파형을 각각 그리시오.

① NRZ(NRZ-L)

=> 정보 '0'은 양의 전압, '1'은 음의 전압으로 표현한다. 0에서 1 또는 1에서 0으로 변화했을 때만 전위를 변화시키는 방식의 파형

② RZ(복류 RZ)

=> 정보 '1'은 양의 전압, '0'은 음의 전압으로 표현한다. 신호정보 간격의 반이 지나면 반드시 0V 상태를 취하는 방식의 파형

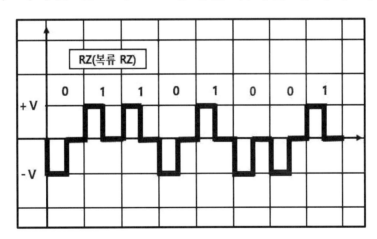

290. IEEE 802.6의 표준 규격으로 도시권 통신망(MAN) 기술에 적용된 다중 접속 프로토콜이 무엇인지 서술하시오.

▶ DQDB(Distributed Queue Dual Bus)

291. 다음의 표는 OSI 7계층과 TCP/IP 4계층 구조를 나타낸 것이다. 빈칸에 적합한 단어를 서술하시오.

표

OSI 7계층	TCP/IP 4계층
	응용 계층
표현 계층	
세션 계층	
네트워크 계층	
물리 계층	

정답 표

OSI 7계층	TCP/IP 4계층
응용 계층	응용 계층
표현 계층	
세션 계층	
전송 계층	전송 계층
네트워크 계층	인터넷 계층
데이터링크 계층	네트워크 액세스 계층
물리 계층	

292. 다음 보기의 빈칸에 알맞은 숫자를 적으시오.

보기

> 외부 영향이 거의 없는 상태에서의 UTP 케이블 전송 거리는 이론적으로 최대 (   )M까지 유효하게 작용한다.

▶ 정답 : 100

293. 아이패턴(Eye Pattern)에서 '눈이 열린 높이'가 무엇인지 적으시오.

▶ Noise Margin

294. Jitter에 대해서 간략하게 설명하시오.

▶ 디지털 신호가 기준점보다 얼마나 빨리 혹은 늦게 나타나는가(시간 변위)를 표현하는 값

295. 기지국과 단말기에 다수의 안테나를 사용하여 무선통신의 성능을 높이는 (안테나 수에 비례) 기술이 무엇인지 서술하시오.

▶ MIMO(=Multiple Input Multiple Output)

296. 정보보호를 위한 일련의 조치 및 활동이 인증기준에 적합함을, 인증기관 또는 인터넷진흥원이 증명하는 제도가 무엇인지 서술하시오.

▶ ISMS(=Information Security Management System)

297. 표는 대칭키 암호 알고리즘과 비대칭키 암호 알고리즘의 특성에 대해서 비교한 것이다. 다음 표의 빈칸 (가), (나), (다), (라), (마), (바)에 알맞은 말을 적으시오.

표

	대칭키 암호 알고리즘	비대칭키 암호 알고리즘
암호화·복호화 키 사용	하나의 같은 키를 사용	두 개의 다른 키를 사용
암호화·복호화 속도	속도가 빠르다	속도가 느리다
암호화 키 공개 여부	비공개(동일한 비밀 키)	공개(공개 키)
복호화 키 공개 여부	비공개(동일한 비밀 키)	비공개(개인 키)
키의 길이	(가)	(나)
효율성	(다)	(라)
안전성	(마)	(바)
키(Key) 유지 관리	관리가 어렵다	관리가 쉽다

정답 표

	대칭키 암호 알고리즘	비대칭키 암호 알고리즘
암호화·복호화 키 사용	하나의 같은 키를 사용	두 개의 다른 키를 사용
암호화·복호화 속도	속도가 빠르다	속도가 느리다
암호화 키 공개 여부	비공개(동일한 비밀 키)	공개(공개 키)
복호화 키 공개 여부	비공개(동일한 비밀 키)	비공개(개인 키)
키의 길이	짧다	길다
효율성	높음	낮음
안전성	낮음	높음
키(Key) 유지 관리	관리가 어렵다	관리가 쉽다

298. 옥외 안테나에서 중계장치 등까지 설치하는 배관의 적합한 조건 2가지에 대해서 적으시오.

① 급전선을 수용하는 배관의 내경
=> 36mm이상 또는 급전선 외경의 2배 이상이 되어야 하며, 3공 이상을 설치

② 광케이블을 수용하는 배관의 내경
=> 22mm이상이어야 하며, 예비공 1공 이상을 포함한 2공 이상을 설치

299. 공사원가 산정방식과 표준시장단가 방식에 대하여 설명하시오.

① 공사원가 산정방식
=> 공사 시공과정에서 발생한 재료비, 노무비, 경비 등의 합계액을 산출하는 방식

② 표준시장단가 방식
=> 과거 수행된 공사 단가를 기초로 물가상승률 등에 대한 보정을 실시하여 차기 공사 예정가격을 산출하는 방식

> 상기에 언급된 '표준시장단가'와 '표준품셈'의 개념은 일치하지 않다. 표준품셈은 보편화된 공종을 기준으로 공사에 소요되는 노무량 등을 수치로 나타낸 기준을 의미한다.

300. OSI 7계층 중 네트워크 계층과 전송 계층에서 사용되는 데이터 단위를 순차적으로 서술하시오.

① 네트워크 계층에서 사용되는 데이터 단위 => 패킷
② 전송 계층에서 사용되는 데이터 단위 => 세그먼트

301. 다음 그림은 MPLS(Multi-Protocol Label Switching) 구성도이다. 보기에서 알맞은 답을 모두 선택하여 빈칸 (가), (나)를 채우시오.

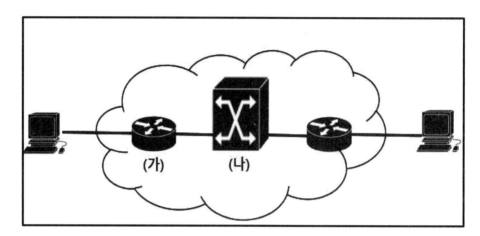

보기

┌──┐
│ ① LSR(Label Switch Router)   ② LER(Label Edge Router)   ③ Label Binding │
│   │
│ ④ Label Switching   ⑤ 3계층 라우터의 모든 기능 제공   ⑥ 3계층 라우터 기능 불필요 │
└──┘

(가) - ②, ③, ⑤
(나) - ①, ④, ⑥

302. 아래 그림을 보고 해당 라우터가 사용하는 데이터링크 프로토콜이 무엇인지 서술하시오.

```
Serial0/2/0 is down, line protocol is down (disabled)
  Hardware is HD64570
  Internet address is 205.200.7.1/24
  MTU 1500 bytes, BW 1544 Kbit, DLY 20000 usec,
    reliability 255/255, txload 1/255, rxload 1/255
  Encapsulation HDLC, loopback not set, keepalive set (10 sec)
  Last input never, output never, output hang never
  Last clearing of "show interface" counters never
  Input queue: 0/75/0 (size/max/drops); Total output drops: 0
  Queueing strategy: weighted fair
  Output queue: 0/1000/64/0 (size/max total/threshold/drops)
```

▶ HDLC(High-level Data Link Control)

303. 신호와 노이즈의 주파수 차이를 이용하여 노이즈를 분리·제거·감소시키는 노이즈 대책 부품을 1개 이상 서술하시오.

① 콘덴서(Condenser)
② 인덕터(Inductor)

304. 신호와 노이즈의 전송모드 차이를 이용해 노이즈를 분리·제거·감소시키는 노이즈 대책 부품을 1개 이상 서술하시오.

① 공통 모드 초크 코일(Common Mode Choke coil)
② 포토 커플러(Photo Coupler)

305. 신호와 노이즈의 전위 차이를 이용하여 노이즈를 분리·제거·감소시키는 노이즈 대책 부품을 1개 이상 서술하시오.

① 배리스터(Varistor)
② 다이오드(Diode)

306. 통신설비공사의 종류 5가지를 서술하시오.

① 교환설비공사
② 전송설비공사
③ 구내통신설비공사
④ 이동통신설비공사
⑤ 통신선로설비공사

307. 안전관리 결과보고서에 포함되는 서류 3가지를 서술하시오.

▶ 안전관리 조직표, 안전교육 실적표, 재해발생 현황

308. 보기를 통해 무엇에 관한 설명인지 서술하시오.

보기

> 통신 및 대화의 비밀과 자유에 대한 제한은 그 대상을 한정하고 엄격한 법적 절차를 거치도록 함으로써 통신 비밀을 보호하고 통신의 자유를 신장함을 목적으로 하는 법.

▶ 통신비밀보호법

309. 각각의 설명에 알맞은 SNMP 명령어를 적으시오.

① 관리자(M)가 에이전트(A)에게 원하는 객체의 특정 정보를 요청
답) GetRequest

② 관리자(M)가 에이전트(A)에게 특정한 값을 설정해 줄 것을 요청
답) SetRequest

③ 에이전트(Agent)가 관리자(Manager)에게 응답(신호)을 전송
답) GetResponse

④ 에이전트(A)가 관리자(M)에게 어떤 정보를 전송(이벤트 통지)
답) Trap

310. 다음 보기의 빈칸에 알맞은 단어를 적으시오.

보기

> 클라이언트가 traceroute 리눅스 명령어를 입력한 후에 관련 라우터로부터 **ICMP Time Exceeded** 메시지를 받으면, 패킷의 ( ) 필드 값은 0이라는 것을 의미한다.

▶ TTL(=Time To Live)

311. OSI 7계층 중 물리 계층(Physical Layer)과 관련한 인터페이스 장치인 DCE(Data Circuit-terminal Equipment, 데이터 회선 종단 장치)에 대해서 간략하게 설명하시오.

▶ DTE(데이터 단말 장치)와 전송로 사이에서 데이터의 전송을 담당하는 장치

추가 유형 문제
DTE(Data Terminal Equipment)에 대해서 간략하게 설명하시오.
답) 디지털 데이터(=2진 데이터)를 입·출력하기 위해 사용하는 단말 장치

312. 정보통신공사 설계 3단계에 관해 순차적으로 서술하시오.

① 기본 계획
② 기본 설계
③ 실시 설계

313. 구내간선계에 대해서 설명하시오.

▶ 구내에 2개 이상의 건물이 있는 경우 국선단자함에서 각 건물의 동단자함 또는 동단자함에서 동단자함까지의 건물 간 구간을 상호 연결하는 배선체계

314. 건물간선계에 대해서 설명하시오.

▶ 동일 건물 내 국선단자함이나 동단자함에서 층단자함까지 또는 층단자함에서 층단자함까지의 구간을 상호 연결하는 배선체계

315. 다음의 X시리즈 5가지 유형에 대해서 각각 설명하시오.

① X.20

=> 비동기식 전송을 위한 DTE와 DCE 사이의 접속 규격

② X.21

=> 동기식 전송을 위한 DTE와 DCE 사이의 접속 규격

③ X.24

=> DTE와 DCE 사이의 상호접속회로 정의

④ X.25

=> 패킷 전송을 위한 DTE와 DCE 사이의 접속 규격

⑤ X.75

=> X.25 네트워크의 상호 연결을 위한 접속 규격

316. 정보통신공사업법 시행령 기준 사용전검사 대상공사 3가지를 적으시오.

① 구내통신선로 설비공사
② 이동통신구내선로 설비공사
③ 방송공동수신 설비공사

317. 다음 보기의 빈칸 (가), (나)에 각각 알맞은 단어를 적으시오.

보기

(가)는 IEEE 802.15.4를 기반으로 만들어진 저속, 저비용, 저전력의 무선 네트워크를 위한 기술이다. (나)는 (가)에서 사용되는 디바이스로 특정한 목적의 노드 비용을 감소하기 위해 많은 부분이 간소화되어 일부 기능만 구현된다.

▶ (가) Zigbee / (나) RFD(=Reduced Function Device)

318. 보기를 활용하여 00, 01, 10, 11의 순서대로 입력했을 때 QPSK 디지털 변조 방식의 수식을 서술하시오.

$$A : 진폭 \quad \pi : 위상 \quad f_c : 주파수 \quad t : 시간$$

① 00 : $A\cos(2\pi f_c t)$

② 01 : $A\cos(2\pi f_c t + \frac{1}{2}\pi)$

③ 10 : $A\cos(2\pi f_c t + \pi)$

④ 11 : $A\cos(2\pi f_c t + \frac{3}{2}\pi)$

319. 보기를 통해 무엇에 관한 설명인지 서술하시오.

한 컴퓨터에서 다른 컴퓨터로 관련 파일을 전송할 수 있도록 지원하는 응용계층의 프로토콜이다. **21번 포트(명령 제어)와 20번 포트(데이터 전송)**를 사용한다.

▶ FTP(File Transfer Protocol)

320. 다음 보기를 읽고 무엇에 관한 설명인지 알맞은 단어를 서술하시오.

ONU가 주택지 근처에 설치되고, ONU에서 가입자 단말까지는 이중나선이나 동축 케이블을 사용하는 광가입자망을 일컫는다.

▶ FTTC(Fiber To The Curb)

321. 아래에 언급된 프로토콜 분석기의 테스트 모드에 대해 각각 설명하시오.

① CONTINUE
=> 사용자가 멈출 때까지 계속 테스트를 진행하겠다는 의미

② R-BIT
=> 특정한 비트 숫자까지 테스트를 진행하겠다는 의미

③ RUN TIME
=> 특정한 시간 동안 테스트를 진행하겠다는 의미

322. 네트워크 계층에서 인증, 데이터 무결성 보장, 암호화 서비스 등을 담당하여 인터넷 프로토콜의 안전한 통신을 도모하는 표준화된 기술이 무엇인지 적으시오.

▶ IPsec(=Internet Protocol Security)

323. IPsec VPN이, 정보보호의 3가지 핵심 목표 중에 ① 어떤 목표와 관련이 있는지 서술하고 ② OSI 7계층 중 무슨 계층과 연관이 있는지를 작성하시오.

① 기밀성, 무결성
② 네트워크 계층

324. 전자파내성(Electro-Magnetic Susceptibility) 시험 항목 3가지를 서술하시오.

① 정전기방전내성 시험
② 전자파방사내성 시험
③ 서지내성 시험

325. 통신케이블 포설장력에 대해서 간략하게 설명하시오.

▶ 포설장력은 대체로 다음의 식을 따르며 '케이블 무게(kg/m) × 포설할 지하관로의 길이(m) × 마찰계수', 통신케이블 포설은 포설장력이 허용장력을 초과하지 않도록 해야 한다.

326. 다음 보기를 읽고 무엇에 관한 설명인지 알맞은 단어를 서술하시오.

보기

도메인 이름을 Internet Protocol Address로 변환 처리하고 라우팅 정보를 제공하는 분산형 DB 시스템을 일컫는다.

▶ DNS(Domain Name System)

327. 초고속정보통신건물 인증 심사기준으로 '집중구내통신실'의 심사방법에 대해서 간략하게 서술하시오.

▶ 현장실측으로 유효면적을 확인하는 것이 집중구내통신실의 심사방법이다.

328. 다음 보기는 SNMP와 관련된 설명이다. 빈칸 (①)과 (②)에 알맞은 숫자를 적으시오.

보기

SNMP의 경우 관리자(Manager), 에이전트(Agent) 형태로 동작된다. 'GetRequest, SetRequest 등'은 UDP (①) Port, 'Trap'은 UDP (②) Port와 관련이 있다.

① 161
② 162

329. 「감리원의 배치기준」과 관련하여 다음의 빈칸 (가), (나)에 각각 알맞은 단어를 적으시오.

보기

1. 총공사금액 100억원 이상 공사: (가) (기술사 자격을 가진 자로 한정한다)

2. 총공사금액 70억원 이상 100억원 미만인 공사: 특급감리원

3. 총공사금액 30억원 이상 70억원 미만인 공사: 고급감리원 이상의 감리원

4. 총공사금액 5억원 이상 30억원 미만인 공사: (나) 이상의 감리원

5. 총공사금액 5억원 미만의 공사: 초급감리원 이상의 감리원

(가) 특급감리원
(나) 중급감리원

330. 베이스밴드 방식에 대해서 간략하게 설명하시오.

▶ 원래 신호를 다른 주파수 대역으로 변조하지 않고, 그대로 전송하는 방식

331. 브로드밴드 방식에 대해서 간략하게 설명하시오.

▶ 광대역 매체를 여러 개의 주파수 채널로 다중화하여, 고속으로 정보를 전송하는 방식

332. 알파벳 26자를 이진코드로 표현할 때 필요한 비트 수를 구하시오. 또한 10진 시스템과 효율성을 비교하시오.

$16 = 2^4 <$ 알파벳 26자 $< 2^5 = 32$ ∴ 5비트 필요 (4비트로는 표현 불가)

▶ 전기적 신호를 처리할 때 경우의 수가 많은 10진 시스템보다는, 0과 1로만 처리하는 이진코드가 컴퓨터의 오류 발생을 최소화시킬 수 있기에 효율적이다.

333. 표준 신호 발생기(Standard Signal Generator)의 조건 4가지에 대해서 적으시오.

① 불필요한 출력이 없어야 함
② 주파수의 가변 범위가 넓어야 함
③ 변조도가 자유롭게 조절되어야 함
④ 주변 온도·습도 조건에 영향을 받지 않아야 함

334. 변조의 필요성에 관하여 3가지를 적고 각각에 대해 간략히 설명하시오.

① 다중화 용이
=> 하나의 전송로에 복수의 신호를 전송

② 복사의 용이
=> 안테나 설계 가능

③ 주파수 할당
=> 신호 간 상호간섭 배제

335. 데이터 투명성과 '0'비트 삽입법에 대해서 각각 설명하시오.

① 데이터 투명성
=> 전송한 데이터가 변경 없이 목표 단말기에 그대로 전달되는 것

② 0 비트 삽입법
=> 데이터에 '1'비트가 연속적으로 5번 입력되면, 다음 6번째에는 강제로 '0'비트를 삽입하여 전송하는 기술

336. OTDR(Optical Time Domain Reflectometer) 관련 Dead Zone의 종류 3가지를 서술하시오.

① Attenuation dead zone
② Event dead zone
③ Initial dead zone

337. ITU-T의 'X 표준' 중 하나인 X.25 네트워크 사용을 위한 물리계층 인터페이스가 무엇인지 적으시오.

▶ X.21 인터페이스

338. 근거리 통신망의 라우팅 및 스위칭 장비들을, 광역 통신망의 고속 회선과 상호 연결시키는 데 사용하는 단거리 통신 인터페이스가 무엇인지 적으시오.

▶ HSSI(=High Speed Serial Interface)

339. 다음 보기를 읽고 무엇에 관한 설명인지 알맞은 단어를 서술하시오.

보기

경찰, 소방 등 재난관련 기관들이 재난 대응 업무에 활용하기 위해 전용으로 사용하는 전국 단일의 무선 통신망이다. 산불, 지진 그리고 선박 침몰 등과 같은 대형 재난이 발생하면 광대역 무선통신기술(LTE)을 기반으로 재난관련 기관들은 신속한 의사소통과 효과적인 현장대응을 할 수 있다.

▶ 재난안전통신망

340. 소프트웨어 프로그래밍을 통해 네트워크 경로 설정과 함께 제어·관리도 효율적으로 처리할 수 있도록 구현된 차세대 네트워킹 기술이 무엇인지 서술 하시오.

▶ SDN(=Software-Defined Networking)

341. 다음 보기를 읽고 무엇에 관한 설명인지 알맞은 단어를 서술하시오.

보기

> 동영상 또는 게임 등 대용량 콘텐츠를 다수 이용자에게 빠르게 전송할 수 있도록 세계 각지에 분산형 서버를 구축하여 데이터를 저장하고, 이를 최적화시켜 콘텐츠 전송 속도와 품질을 높여주는 네트워크 시스템을 일컫는다.

▶ CDN(=Content Delivery Network)

342. 다음 보기를 읽고 무엇에 관한 설명인지 알맞은 단어를 서술하시오.

보기

> 전력의 효율적인 활용을 위해 생산, 저장, 전력수요 등의 정보를 실시간으로 전송 한다. 전기와 정보통신 기술을 활용해 전력망을 지능화·고도화시켜 고품질의 전력 서비스 제공한다. 에너지 이용 효율을 극대화시켜주는 '차세대 지능형 전력망'으로 알려져 있다.

▶ 스마트 그리드

343. 방화벽(Firewall), 침입탐지 시스템(IDS) 그리고 가상사설망(VPN) 등의 보안 솔루션을 하나로 모아, 전체적인 보안 정책 수립에도 도움을 주는 통합형 보안관리 시스템이 무엇인지 적으시오.

▶ ESM(=Enterprise Security Management)

344. PON(Passive Optical Network) 방식의 구성을 간략하게 그림으로 표현하고 관련 구성요소들에 대해서 설명하시오.

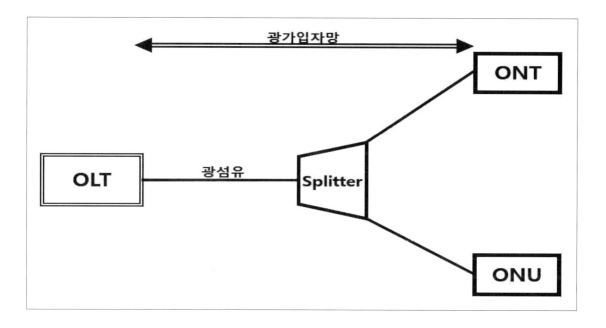

① OLT => 광가입자망의 통신 국사에 설치된 광종단 장치

② Splitter => 통신에서 주파수에 따라 신호를 분리하는 장치

③ ONT => 광가입자망의 가입자 측 댁내 최종 종단 장치

④ ONU => 광가입자망의 가입자 밀집 구역에 설치된 광종단 장치

345. 다음 보기의 빈칸 (가), (나)에 각각 알맞은 단어를 적으시오.

보기

(가)는 유선 LAN에서 기대할 수 있는 것과 동등한 수준의 보안성 제공을 위해 만들어진 보안 기술로 대칭키 기반의 암호화 기법을 사용한다. (나)는, (가)의 취약점을 중점적으로 보완하기 위해 발표된 무선 LAN 보안 기술 규격이다.

▶ (가) WEP / (나) WPA

핵심

정보통신

原語問題

◆ 다음 약어들의 원어를 알맞게 서술하시오.

▷ DSSS

=> Direct Sequence Spread Spectrum

▷ FHSS

=> Frequency Hopping Spread Spectrum

▷ FWHM

=> Full Width at Half Maximum

▷ IoE

=> Internet of Everything

▷ IoT

=> Internet of Things

▷ DSU

=> Digital Service Unit

▷ ADSL

=> Asymmetric Digital Subscriber Line

▷ MPEG

=> Moving Picture Experts Group

▷ LTE

=> Long Term Evolution

◆ 다음 약어들의 원어를 알맞게 서술하시오.

▷ TCP/IP

=> Transmission Control Protocol/Internet Protocol

▷ IETF

=> Internet Engineering Task Force

▷ TTA

=> Telecommunications Technology Association

▷ DNS

=> Domain Name System

▷ MDF

=> Main Distributing Frame

▷ UPS

=> Uninterruptible Power Supply

▷ TM

=> Temporary Memory

▷ EMI

=> Electro Magnetic Interference

▷ VPN

=> Virtual Private Network

◆ 다음 약어들의 원어를 알맞게 서술하시오.

▷ GMPCS
=> Global Mobile Personal Communications by Satellite

▷ FDDI
=> Fiber Distributed Data Interface

▷ HTTP
=> Hyper Text Transfer Protocol

▷ SMTP
=> Simple Mail Transfer Protocol

▷ FTP
=> File Transfer Protocol

▷ BcN
=> Broadband convergence Network

▷ RFID
=> Radio Frequency Identification

▷ DMB
=> Digital Multimedia Broadcasting

▷ C-ITS
=> Cooperative-Intelligent Transport Systems

핵심

정보통신

計算問題

계산 001

문제

8-PSK(Phase Shift Keying), 즉 8위상 편이 방식은 한 번에 몇 비트를 전송할 수 있는지 구하시오.

정답 및 풀이

정답) 3 bit

$$M = 2^n$$

▶ M은 위상 편이 방식의 상태 수치를 의미한다.

n은 위상 편이 방식의 비트 수를 의미한다.

문제에 언급된 8-PSK의 경우, M은 8이다.

$$M = 2^n$$

$$8 \times 1 = 2^n$$

$$\log_2(8 \times 1) = \log_2 2^n$$

$$3 = n$$

8위상 편이 방식은 단위 신호 당 3bit를 전송할 수 있다.

cf)

▷ BPSK의 경우, 2-PSK를 의미하니 M은 2이다.

QPSK의 경우, 4-PSK를 의미하니 M은 4이다.

문제

신호 대 잡음의 비(S/N)가 30[dB]일 때, 대역폭은 3400[Hz]라고 한다. 이를 바탕으로 하여 채널의 전송 용량을 구하시오.(반올림하여 소수점 둘째자리까지 표기하시오)

정답 및 풀이

정답) 33.89 Kbps

$$C = B \times \log_2(1 + S/N)$$

해당 문제는 상기 클로드 섀넌(Shannon)의 채널 용량 공식을 통해 풀 수 있다.

▶ 상기 식에서 주의할 점은 S/N 자리에 바로 30을 넣으면 안 된다는 것이다. 왜냐하면 공식에서의 S/N 값은, dB 단위로 처리된 경우가 아니기 때문이다. S/N 은 아래와 같이 구한다.

$$S/N_{dB} = 10\log(S/N)$$

$$30_{dB} = 10\log(S/N)$$

$$S/N = 10^3 = 1000$$

이후, 신호 대 잡음의 비 1000을 상기 섀넌의 채널 용량 공식 S/N에 대입한다. 대역폭은 B에 대입한다.

$$C = 3400 \times \log_2(1 + 10^3)$$

$$C = 3400 \times \log_2 1001$$

$$C = 3400 \times 9.9672...$$

$$C = 33.888...K$$

$$C = 33.89\,Kbps$$

문제
통신에서 사용되는 단위 보(Baud)가 쿼드(Quad)비트이고 Baud 속도는 4800[Baud]일 때, 해당 전송선로 상의 속도[bps]는 얼마인지 구하시오.
정답 및 풀이

정답) 19200 bps

$$\text{bps} = \text{Baud} \times \text{단위 신호 당 비트수}$$

▶ 상기 식에 따라 Baud에는 4800을 대입한다.
단위 신호 당 비트수에는 쿼드 비트를 적용한다.
쿼드비트는 4bit를 의미한다.

$$\text{bps} = 4800_{\text{Baud}} \times 4_{\text{bit}}$$
$$\text{속도} = 19200 \ \text{bps}$$

cf)
▷ bps(bit per second)는 1초 동안에 전송된 비트 수를 의미한다.
baud는 1초 동안에 발생된 신호의 변화 횟수를 의미한다.

문제
잡음이 존재하는 채널에서 신호 대 잡음의 비(S/N)가 20[dB]일 때, 대역폭은 6000[Hz]라고 한다. 이를 바탕으로 하여 채널의 통신용량을 구하시오. (반올림하여 소수점 둘째자리까지 표기하시오)
정답 및 풀이

정답) 39.95 Kbps

$$C = B \times \log_2(1 + S/N)$$

해당 문제는 상기 클로드 섀넌(Shannon)의 채널 용량 공식을 통해 풀 수 있다.

▶ 상기 식에서 주의할 점은 S/N 자리에 바로 20을 넣으면 안 된다는 것이다. 왜냐하면 공식에서의 S/N 값은, dB 단위로 처리된 경우가 아니기 때문이다. S/N 은 아래와 같이 구한다.

$$S/N_{dB} = 10\log(S/N)$$

$$20_{dB} = 10\log(S/N)$$

$$S/N = 10^2 = 100$$

이후, 신호 대 잡음의 비 100을 상기 섀넌의 채널 용량 공식 S/N에 대입한다. 대역폭은 B에 대입한다.

$$C = 6000 \times \log_2(1 + 10^2)$$

$$C = 6000 \times \log_2 101$$

$$C = 6000 \times 6.6582...$$

$$C = 39.949...K$$

$$C = 39.95\,Kbps$$

계산 005_1

문제

데이터 통신회선에서 송신전력은 0[dBm], 측정주파수 800[Hz], 수신잡음은 10[dBrnc], 전송로손실이 30[dB] 이라면 신호 대 잡음의 비(S/N)는 얼마인지 구하시오

(단, 0[dBrnc] = -90[dBm]에 주의하시오.)

정답 및 풀이

정답) 10^5 (또는 $50dB$)

송신전력의 크기, 수신 잡음의 크기, 전송로 손실의 크기를 각각 구하고 문제에 접근해야 한다.

▶ 송신전력 = 0[dBm]에 대해서 송신전력의 크기를 Pr로 정하고 아래와 같이 접근한다.

$$0[dBm] = 10\log\frac{P_r[mW]}{1[mW]}$$

▶ 수신잡음 = 10[dBrnc]에 대해서 수신 잡음의 크기를 NR로 정하고 아래와 같이 접근한다.

$$10[dBrnc] = 10\log\frac{N_R[pW]}{1[pW]}$$

▶ 전송로 손실 = 30[dB]에 대해서 전송로 손실의 크기를 Ls로 정하고 아래와 같이 접근한다.

$$30[dB] = 10\log\frac{L_s[W]}{1[W]}$$

계산 005_2

정답 및 풀이

$$P_r = 1\,[mW],\ N_R = 10\,[pW],\ L_s = 10^3\,[W]$$

송신전력의 크기, 수신 잡음의 크기, 전송로 손실의 크기는 상기와 같다.

신호 대 잡음 비 : S/N

▶ S 값과 관련 있는 것 : 신호 크기, 이득 크기 등이 해당된다.
　 N 값과 관련 있는 것 : 잡음 크기, 손실 크기 등이 해당된다.

$$S = P_r = 1\,[mW],\ N = N_R \times L_s = 10\,[pW] \times 10^3\,[W]$$

$$\frac{S}{N} = \frac{1\,[mW]}{10\,[pW] \times 10^3\,[W]} = \frac{10^{-3}\,[W]}{10 \cdot 10^{-12}\,[W] \times 10^3\,[W]}$$

$$\frac{S}{N} = 10^{-3-(-11+3)} = 10^5$$

▶ 한편, [dB] 단위로 환산하면 다음과 같다.
$$S/N_{dB} = 10\log(S/N)$$
$$S/N_{dB} = 10\log(10^5)$$
$$50dB$$

주의할 점은, 문제에 제시된 모든 조건을 반드시 이용해야만 정답이 도출되는 것은 아니라는 것이다.

정답 및 풀이

한편, 단위를 통일하여 구하는 방법은 다음과 같다.

▶ $0[dBm] = 10\log\dfrac{P_r[mW]}{1[mW]} = 10\log\dfrac{1[mW]}{1[mW]}$

$10\log1[mW] = 10\log10^{-3}[W] = -30[dB]$

▶ $10[dBrnc] = 10\log\dfrac{N_R[pW]}{1[pW]} = 10\log\dfrac{10[pW]}{1[pW]}$

$10\log10[pW] = 10\log10^1 \cdot 10^{-12}[W] = -110[dB]$

☞ 송신전력－수신잡음－전송로 손실

$$0[dBm] - 10[dBrnc] - 30[dB]$$

$$(-30[dB]) - (-110[dB]) - 30[dB]$$

$$(-30 + 110 - 30)[dB]$$

$$50dB$$

주의할 점은, 문제에 제시된 모든 조건을 반드시 이용해야만 정답이 도출되는 것은 아니라는 것이다. 아울러 이러한 유형의 문제에 대한 풀이는 여러 가지가 존재할 수 있다.

문제
전송 길이가 1000[Km]인 전송로에, 신호 전파속도는 $2*10^6$[m/sec]라고 한다면 전파 지연시간은 어떻게 되는지 구하시오.
정답 및 풀이
정답) 0.5초(=0.5sec) $$시간 = \frac{거리}{속력}$$ ▶ 상기 식에 따라 속력에는 $2*10^6$을 대입한다. 　거리에는 1000Km를 적용한다. 　1000Km는 1000×10^3m으로 표현될 수 있다. $$시간 = \frac{1000 \times 10^3}{2 \times 10^6} = 0.5$$

문제

신호 대 잡음 비(SNR)에 관한 각각의 문제를 풀이하시오.

① 신호 전력이 100[mW]이고 잡음 전력은 1[μW]일 때, 신호 대 잡음 비를 데시벨(dB)로 표현하시오.

② 잡음이 없는 이상적 채널의 신호 대 잡음 비(SNR)를 표현하시오.

정답 및 풀이

정답) ① $50dB$ / ② ∞

$$① \ SNR[dB] = 10\log\frac{S}{N} = 10\log\frac{신호전력}{잡음전력}$$

$$10\log\frac{100mW}{1\mu W} = 10\log\frac{100 \times 10^{-3}W}{10^{-6}W}$$

$$= 10\log 10^{-1-(-6)} = 10\log 10^5 = 50dB$$

$$\therefore SNR = 10^5 \ / \ SNR[dB] = 50dB$$

$$② \ SNR[dB] = 10\log\frac{S}{N} = 10\log\frac{신호전력}{잡음전력}$$

$$10\log\frac{\Pr[W]}{0} = \infty \ dB$$

$$\therefore SNR = \infty \ / \ SNR[dB] = \infty \ dB$$

문제

다음의 질문에 대해 답하시오.

① 잡음이 없는 20KHz의 대역폭을 이용해, 280Kbps의 속도로 데이터를 전송할 경우 신호 준위 개수 M의 값은 어떻게 되는지 구하시오.

정답 및 풀이

정답) 128

$$C = 2B \times \log_2 M$$

해당 문제는 상기 나이퀴스트(Nyquist)의 채널 용량 공식을 통해 풀 수 있다. 위의 채널 용량 공식은 잡음이 존재하지 않는 채널과 관련한 문제 풀이에 필요

$$C = 2B \times \log_2 M$$

$$280Kbps = 2 \times 20KHz \times \log_2 M$$

$$280Kbps = 40KHz \times \log_2 M$$

$$7Kbps = 1KHz \times \log_2 M$$

$$M = 2^7 = 128$$

문제

다음의 질문에 대해 답하시오.

② 2MHz의 대역폭을 갖는 채널이 있다. 이 채널의 신호 대 잡음의 비 (S/N)가 63일 때, 채널 용량 C의 값은 어떻게 되는지 구하시오.

정답 및 풀이

정답) 12Mbps

$$C = B \times \log_2(1 + S/N)$$

해당 문제는 상기 클로드 섀넌(Shannon)의 채널 용량 공식을 통해 풀 수 있다. 섀넌의 채널 용량 공식은 잡음이 존재하는 채널과 관련한 문제 풀이에 필요하다.

$$C = B \times \log_2(1 + S/N)$$

$$C = 2MHz \times \log_2(1 + 63)$$

$$C = 2MHz \times \log_2(64)$$

$$C = 2MHz \times \log_2 2^6$$

$$C = 12Mbps$$

문제

다음의 질문에 대해 답하시오.

0.16초 동안 256개의 순차적인 12bit 데이터 워드 블록을 전송하고자 할 때, 다음의 질문들에 대해 답변하시오.(소수점 이하는 절삭하시오)

㉮ 1개의 워드 지속 시간 / ㉯ 1비트 지속 시간 / ㉰ 전송 속도

정답 및 풀이

정답) $625\mu sec$(마이크로 초) / $52\mu sec$ / $19230\,bps$

㉮ 1개의 워드 지속 시간

$$\frac{0.16[\text{sec}]}{256\text{개}} = 0.000625\text{sec}$$

$$0.625\,msec = 625\mu sec$$

㉯ 1비트 지속 시간

$$\frac{625\mu s}{12} = 52.0833... = 52\mu sec$$

㉰ 전송 속도

$$\frac{1}{52\mu sec} = \frac{1}{52\times 10^{-6}} = 19230\,bps$$

문제

다음의 질문에 대해 답하시오.

0.16초 동안 256개의 순차적인 12bit 데이터 워드 블록을 전송하고자 할 때, 다음의 질문들에 대해 답변하시오.(소수점 이하는 절삭하시오)

㉮ 1개의 워드 지속 시간 / ㉯ 1비트 지속 시간 / ㉰ 전송 속도

정답 및 풀이

※ 전송 속도 추가 설명

일반적으로 전송 속도, bps(bit per second)는 1초 동안에 전송된 비트 수를 의미한다. 다시 말해, X개의 비트를 전송할 때는 1초가 걸림을 의미한다. ㉯의 1비트 지속 시간을 구하는 문제를 통해서 '1비트를 보내는데 소요되는 시간'은 $52\mu s$가 걸림을 알 수 있다.

상기의 내용을 '비트수 : 전송 시간'의 비례식으로 취합하여 표현하면 다음과 같다.

$$\text{X} : 1 = 1 : 52\mu s$$

$$1 = \text{X} \times 52\mu s$$

$$\text{X} = \frac{1}{52\mu\text{sec}}$$

$$\therefore \frac{1}{52\mu\text{sec}} = \frac{1}{52 \times 10^{-6}} = 19230 bps$$

계산 010_1

문제
다음의 질문에 대해 답하시오. PCM 전송 시 최고주파수가 4KHz, 양자화 비트수가 8bit일 때 1채널당 정보전송량은 얼마인지 구하시오. 그리고 24채널로 TDM 펄스 전송 시 전송 속도는 어떻게 되는지도 구하시오.
정답 및 풀이

정답) ㉮ 64Kbps / ㉯ 1.544Mbps

㉮ 1채널당 정보 전송량

$$f_s = 2f_m$$

▶ 상기 식에서 f_m은 해당 신호의 최고주파수를 의미하며

f_m의 2배가 되는 f_s는 표본화 주파수를 정의한다.

$$f_s = 2 \times 4KHz = 8KHz$$

$$\therefore 8KHz \times 8bit = 64Kbps$$

문제
다음의 질문에 대해 답하시오. PCM 전송 시 최고주파수가 4KHz, 양자화 비트수가 8bit일 때 1채널당 정보전송량은 얼마인지 구하시오. 그리고 24채널로 TDM 펄스 전송 시 전송 속도는 어떻게 되는지도 구하시오.
정답 및 풀이

④ 24채널-TDM 펄스 전송속도

전송속도＝① 프레임당 비트수× ② 표본화 주파수

① 24채널 북미방식 프레임당 비트수

$$24 \times 8bit + 1bit_{(프레임비트)} = 193bit$$

② 표본화 주파수

$$f_s = 2 \times 4KHz = 8KHz$$

$$\therefore 193bit \times 8KHz = 1544Kbps$$

$$1544Kbps = 1.544Mbps$$

문제
케이블 손실은 -0.5dB/km이고, 시작점의 전력은 4mW라고 한다면, 40km 지점에서 신호전력은 몇 mW인지 구하시오.
정답 및 풀이

정답) $0.04mW$

▶ 문제를 통해 1km당 $-0.5dB$ 손실이 생김을 알 수 있다. 이를 바탕으로 40km일 때는

$$40 \times -0.5dB = -20dB$$

즉 $-20dB$의 손실이 생김을 알아낼 수 있다.

이후 아래의 전력량에 관한 데시벨 공식을 활용한다.
$$\Box \quad dB = 10\log(P_{out}/P_{in})$$

공식에서 P_{out}은 출력전력을 P_{in}은 입력전력을 의미한다. 문제에 언급된 시작점의 전력은, 입력전력과 관련이 있다.

$$-20dB = 10\log\left(\frac{출력전력 W}{4mW}\right) = 10\log\left(\frac{출력전력 W}{4 \times 10^{-3}W}\right)$$

$$-20dB = 10\log(10^{-2}) = 10\log\left(\frac{출력전력 W}{4 \times 10^{-3}W}\right)$$

문제
케이블 손실은 -0.5dB/km이고, 시작점의 전력은 4mW라고 한다면, 40km 지점에서 신호전력은 몇 mW인지 구하시오.
정답 및 풀이

$$10\log(10^{-2}) = 10\log\left(\frac{출력전력\,W}{4 \times 10^{-3}\,W}\right)$$

$$\frac{1}{100} = \frac{출력전력}{4 \times 10^{-3}\,W}$$

$$\frac{4 \times 10^{-3}\,W}{100} = 출력전력\,(P_{out})$$

$$출력전력 = 0.00004\,W = 0.04m\,W$$

상기 과정을 통해 40km 지점에서의 신호전력(출력전력)은

$0.04m\,W$임을 알 수 있다.

cf)

▷ $0.001\,W_{(와트)} = 1m\,W_{(밀리와트)}$

문제
10단 시프트 레지스터(Shift Register)에 의한 의사 잡음(PN : Pseudo Noise)코드 발생기의 최장부호 길이는 얼마인지 구하시오.(시퀀스 모드 0000000000 제외)

정답 및 풀이
정답) 1023

$$L_{(길이)} = 2^m - 1$$

▶ 상기 식을 이용해 최장부호의 길이를 구할 수 있다. m은 정수이며 레지스터의 개수를 의미한다.

$$L_{(길이)} = 2^{10} - 1$$

$$L_{(길이)} = 1023$$

문제
비트에러율(BER)이 5×10^{-5}인 전송회선에 2400[bps] 전송속도로 10분 동안 데이터를 전송하는 경우, 최대 블록 에러율[반올림하여 소수점 둘째자리까지 표기. 단, 수치는 상세하게 구현할 것]이 얼마인지 구하시오.(한 블록의 크기는 511 비트로 구성되어 있고, 총 블록 수는 소수점 이하를 절삭해 처리하시오)

정답 및 풀이

정답) 2.56×10^{-2}

㉮ 총 전송 비트 수

$$2400[bps] \times 600_{(10분)} = 1440000 \, bit$$

㉯ 총 에러 비트 수

$$1440000 \, bit \times 비트\ 에러율$$
$$1440000 \, bit \times (5 \times 10^{-5}) = 72 bit$$

㉰ 총 블록 수

총 전송 비트 수 ÷ 한 블록의 크기

$$\frac{1440000 bit}{511} = 2818.0039... = 2818블록$$

문제
비트에러율(BER)이 5×10^{-5}인 전송회선에 2400[bps] 전송속도로 10분 동안 데이터를 전송하는 경우, 최대 블록 에러율[반올림하여 소수점 둘째자리까지 표기. 단, 수치는 상세하게 구현할 것]이 얼마인지 구하시오.(한 블록의 크기는 511 비트로 구성되어 있고, 총 블록 수는 소수점 이하를 절삭해 처리하시오)
정답 및 풀이

㉱ 최대 블록 에러율

$$최대블록에러율 = \frac{총에러비트수}{총블록수}$$

$$최대블록에러율 = \frac{72bit}{2818블록}$$

$$\frac{72bit}{2818블록} = 0.02555... = 2.555... \times 10^{-2}$$

$$2.555... \times 10^{-2} = 2.56 \times 10^{-2}$$

計算 014

문제

아래의 그림과 같은 전송로가 구성되었다. 전송로 손실이 몇 [dB]인지, 반올림하여 소수점 둘째자리까지 계산하시오.

1.2mW | 송신증폭기 | 2.4mW— 선로 —1.2mW | 수신증폭기 | 1.4mW

정답 및 풀이

정답) $-3.01\ dB$ (=손실 $3.01\ dB$)

아래의 공식을 사용하여 전송로 손실을 구할 수 있다.

$$\square\ dB = 10\log(P_{out}/P_{in})$$

공식에서 P_{out}은 출력전력을 P_{in}은 입력전력을 의미한다.
송신증폭기 우측의 **2.4mW**는, 선로를 기준으로 입력에 해당
수신증폭기 좌측의 **1.2mW**는, 선로를 기준으로 출력에 해당

$$\square\ dB = 10\log\frac{1.2m\,W}{2.4m\,W} = 10\log\frac{1}{2}$$

$$\square\ dB = -10\times\log 2 = -10\times 0.3010\ldots$$

$$-3.01\ dB$$

문제
다음의 오실로스코프 파형을 보고 각 질문에 대해 답하시오.

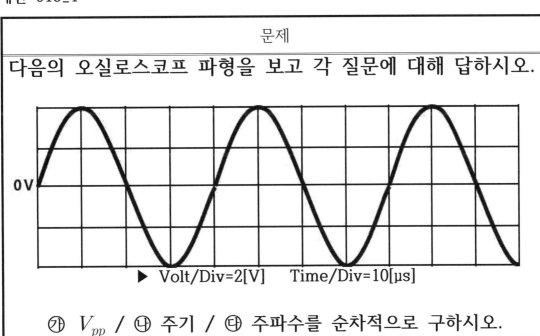

▶ Volt/Div=2[V]   Time/Div=10[μs]

㉮ V_{pp} / ㉯ 주기 / ㉰ 주파수를 순차적으로 구하시오.

정답 및 풀이

정답) ㉮ 8V / ㉯ 40μs / ㉰ 25KHz

㉮ V_{pp}(Peak to Peak Voltage)

$$2V \times 4칸 = 8V$$

V_{pp}는 파형의 Y축 최댓값과 최솟값 사이의 간격을 의미한다.
V_{pp}를 '첨두치 진폭'으로 칭하기도 한다.

㉯ 주기(T)

$$10\mu s \times 4 = 40\mu s$$

주기는 동일한 파형이 다시 나타날 때까지의 시간을 의미한다.

정답 및 풀이

㉰ 주파수

$$주파수\,(f) = \frac{1}{주기\,(T)}$$

상기 식은 주파수와 주기의 관계를 나타낸다. 이를 바탕으로 주파수를 구하면 다음과 같음을 알 수 있다.

$$주파수\,(f) = \frac{1}{40\mu s} = \frac{1}{40 \times 10^{-6}}$$

$$\frac{1}{40 \times 10^{-6}} = \frac{1}{0.00004} = 25000 Hz$$

$$25000 Hz = 25 KHz$$

cf)

▷ 오실로스코프 파형 정보

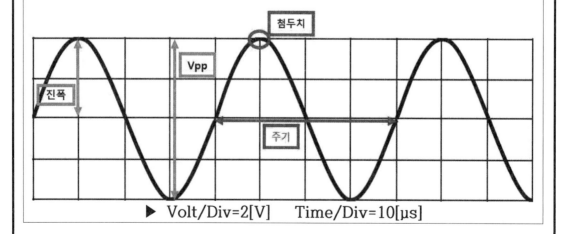

▶ Volt/Div=2[V]   Time/Div=10[µs]

문제

다음의 질문에 대해 답하시오.

특성임피던스가 50Ω인 시스템과 75Ω인 시스템을 접속할 때 아래의 질문에 대해서 각각 대답하시오.
㉮ 반사계수 / ㉯ 정재파비 / ㉰ 반사전력은 입사 전력의 몇%인지 순차적으로 계산하여 답하시오.

정답 및 풀이

정답) ㉮ 0.2 / ㉯ 1.5 / ㉰ 4%

㉮ 반사계수

$$\frac{부하임피던스 - 특성임피던스}{부하임피던스 + 특성임피던스}$$

$$\frac{75 - 50}{75 + 50} = 0.2$$

㉯ 정재파비

$$VSWR = \frac{1 + |반사계수|}{1 - |반사계수|}$$

$$\frac{1 + 0.2}{1 - 0.2} = 1.5$$

계산 016_2

<table>
<tr><td align="center">문제</td></tr>
<tr><td>

다음의 질문에 대해 답하시오.

특성임피던스가 50Ω인 시스템과 75Ω인 시스템을 접속할 때 아래의 질문에 대해서 각각 대답하시오.
㉮ 반사계수 / ㉯ 정재파비 / ㉰ 반사전력은 입사 전력의 몇%인지 순차적으로 계산하여 답하시오.

</td></tr>
<tr><td align="center">정답 및 풀이</td></tr>
<tr><td>

㉰ 반사전력은 입사전력의 몇%인지 답하시오

$$반사계수 = \sqrt{\frac{반사전력}{입사전력}}$$

$$0.2 = \sqrt{\frac{반사전력}{입사전력}}$$

$$0.04 = \frac{반사전력}{입사전력}$$

$$\frac{반사전력}{입사전력} = \frac{4}{100}$$

$$\frac{4}{100} \times 100[\%] = 4\%$$

</td></tr>
</table>

문제
4-PSK 변조 방식을 적용하는 시스템의 전송 속도가 4800[bps]라면, 변조속도[Baud]는 얼마인지 구하시오
정답 및 풀이

정답) 2400[Baud]

▶ M은 위상 편이 방식의 상태 수치를 의미한다.
  n은 위상 편이 방식의 비트 수를 의미한다.
  문제에 언급된 4-PSK(4위상 편이 변조)의 경우, M은 4이다.

$$M = 2^n$$
$$4 = 2^n$$
$$\log_2 4 = \log_2 2^n$$
$$2 = n$$

▶ bps = Baud × 단위 신호 당 비트수

$$4800 \text{ bps} = \square \text{Baud} \times \text{n bit}$$

$$4800 \text{ bps} = \square \text{Baud} \times 2 \text{ bit}$$

$$\square \text{Baud} = 2400 \text{Baud}$$

문제

다음의 질문을 계산하시오.

㉮ 600Ω 회로에서 0dBm 전류를 구하시오.

(반올림하여 소수점 둘째자리까지 표기하시오)

정답 및 풀이

정답) ㉮ 1.29mA

$$0[\text{dBm}] = 10\log\left(\frac{P[mW]}{1[mW]}\right)$$

$$P = 1$$

$$\therefore P = 1[mW]$$

P(전력)과 R(저항) 값을 알고 있으니

$$P = VI = I^2 R = \frac{V^2}{R}$$의 관계식에서

$$P = I^2 R$$을 활용하여 I(전류)를 구하도록 한다.

$$I^2 = \frac{P}{R}, \quad \therefore I = \sqrt{\frac{P}{R}}$$

$$I = \sqrt{\frac{1[mW]}{600\Omega}} = \sqrt{\frac{1 \times 10^{-3}[W]}{600\Omega}}$$

$$I = 1.290\cdots = 1.29[mA]$$

문제

다음의 질문을 계산하시오.

㉯ 5W를 dBm으로 변환하시오.

(반올림하여 소수점 둘째자리까지 표기하시오)

정답 및 풀이

정답) ㉯ 36.99[dBm]

dBm은 1mW를 기준으로 한 전력의 절대레벨 단위를 의미함

$$[dBm] = 10\log\left(\frac{P}{1[mW]}\right)$$

상기 dBm 표현식을 바탕으로 5W는 다음과 풀이됨을 알 수 있다.

$$\square\ [dBm] = 10\log\left(\frac{5[W]}{1[mW]}\right)$$

$$\square\ [dBm] = 10\log\left(\frac{5\times10^3[mW]}{1[mW]}\right)$$

$$\square\ [dBm] = 10\times3.6989\cdots$$

$$= 36.989\cdots[dBm]$$

$$\therefore 36.99[dBm]$$

문제
10[mW] 전력의 입력신호가 적용된 전송선로에서 10[dB]의 감쇠가 발생했다. 이 때 출력전력은 얼마인지 구하시오.

정답 및 풀이

정답) 1mW

아래의 공식을 사용하여 출력전력을 구할 수 있다.

$$\square \quad dB = 10\log(P_{out}/P_{in})$$

공식에서 P_{out}은 출력전력을 P_{in}은 입력전력을 의미한다.

$$-10\,dB = 10\log\frac{출력전력}{입력전력}$$

$$-10\,dB = 10\log\frac{P[mW]}{10[mW]}$$

$$P = 1$$

$$\therefore P = 1[mW]$$

계산 020

문제
입력전력이 100[mW], 반사전력은 1[mW] 크기의 신호로 측정되었다. 이 때 감쇠·이득은 몇 [dB]인지 구하시오.
정답 및 풀이

정답) $-20[dB]$

아래의 공식을 사용하여 dB을 구할 수 있다.

$$\square \quad dB = 10\log(\text{P}_{out}/\text{P}_{in})$$

공식에서 P_{out}은 출력전력(반사전력)을 P_{in}은 입력전력을 의미

$$\square \quad dB = 10\log\frac{출력전력}{입력전력}$$

$$\square \quad dB = 10\log\frac{1[mW]}{100[mW]} = 10\log\frac{1\times10^{-3}[W]}{100\times10^{-3}[W]}$$

$$\square \quad dB = 10\log 10^{-2}$$

$$\therefore \quad -20[dB]$$

문제

200000 비트(bit)를 전송했을 때, 10비트의 에러가 발생하였다. 비트오류율(BER)을 구하시오.

정답 및 풀이

정답) 5×10^{-5}

㉮ 총 전송 비트 수

$$200000\,bit$$

㉯ 에러 비트 수

$$10\,bit$$

㉰ 비트오류율(BER)

에러 비트 수 ÷ 총 전송 비트 수

$$BER = \frac{10\,bit}{200000\,bit} = 5 \times 10^{-5}$$

문제
길이가 2500m인 10Base5 케이블이 있다. 만약 굵은 이더넷 케이블에서 전파속도가 200,000,000m/s라면 네트워크 송신장비에서 수신장비까지 비트가 전파되는 시간을 구하시오. (송수신장비의 전파지연 합은 $10\mu s$임을 고려하시오)

정답 및 풀이

정답) $22.5\mu s$

㉮ 송신장비에서 수신장비까지 비트가 전파되는 시간

$$\frac{2500m}{200000000m/s} = 0.0000125s$$

$$= 0.0125ms = 12.5\mu s$$

㉯ 송수신 장비의 전파지연 합

$$10\mu s$$

㉰ ㉮+㉯ ⇨ 전파지연을 고려한 비트가 전파되는 시간

$$= 12.5\mu s + 10\mu s = 22.5\mu s$$

문제

정보량은 확률함수와 관련이 있다. 정보원의 확률이 1/2, 1/4, 1/4로 각각 주어지는 경우, (총) 정보량은 몇 bit가 되는지 구하시오.

정답 및 풀이

정답) 1.5 bit

정보원 각각의 확률이 주어질 때 이에 대한 (총) 정보량은 아래의 공식을 통해 구할 수 있다.

$$H = P_1 \times \log_2 \frac{1}{P_1} + \cdots + P_n \times \log_2 \frac{1}{P_n}$$

① 정보원의 확률이 1/2일 때, $P_1 \times \log_2 \frac{1}{P_1} = \frac{1}{2} \times \log_2 2 = \frac{1}{2}$

② 정보원의 확률이 1/4일 때, $P_2 \times \log_2 \frac{1}{P_2} = \frac{1}{4} \times \log_2 4 = \frac{1}{2}$

③ 정보원의 확률이 1/4일 때, $P_3 \times \log_2 \frac{1}{P_3} = \frac{1}{4} \times \log_2 4 = \frac{1}{2}$

$$H = ① + ② + ③ = \frac{1}{2} + \frac{1}{2} + \frac{1}{2} = 1.5$$

$$\therefore 1.5$$

계산 024

문제

다음의 질문에 대해 답하시오.

선로의 개방 임피던스가 25Ω, 단락 임피던스가 100Ω이라고 한다면 특성 임피던스의 값은 얼마인지 계산하시오.

정답 및 풀이

정답) 50Ω

▶ 특성 임피던스

$$\sqrt{개방임피던스 \times 단락임피던스}$$

특성 임피던스는 상기 공식을 통해 구할 수 있다.

$$특성임피던스 = \sqrt{25Ω \times 100Ω}$$

$$특성임피던스 = \sqrt{2500Ω} = 50Ω$$

$$\therefore 50Ω$$

문제

다음의 질문에 대해 답하시오.

광섬유의 코어 굴절률과 클래드(Clad)의 굴절률이 각각 $N_1=2$, $N_2=1.5$라고 한다. 아래의 질문에 대해 답하시오.
㉮ 임계각 / ㉯ 비굴절률 차 / ㉰ 개구수가 얼마인지 순차적으로 계산하여 답하시오.(반올림하여 소수점 둘째자리까지 표기하시오)

정답 및 풀이

정답) ㉮ $48.59°$ / ㉯ $25\%(0.25)$ / ㉰ 1.32

㉮ 임계각

$$\theta = \sin^{-1}\frac{N_2}{N_1}$$

(단, 코어 굴절률 > 클래드 굴절률)

$$\theta = \sin^{-1}\frac{1.5}{2}$$

$$\theta = 48.590\cdots = 48.59°$$

㉯ 비굴절률 차

$$비굴절률 차\triangle = \frac{N_1 - N_2}{N_1}$$

$$\frac{N_1 - N_2}{N_1} = \frac{2-1.5}{2}$$

문제
다음의 질문에 대해 답하시오. 광섬유의 코어 굴절률과 클래드(Clad)의 굴절률이 각각 $N_1=2$, $N_2=1.5$라고 한다. 아래의 질문에 대해 답하시오. ㉮ 임계각 / ㉯ 비굴절률 차 / ㉰ 개구수가 얼마인지 순차적으로 계산하여 답하시오.(반올림하여 소수점 둘째자리까지 표기하시오)
정답 및 풀이

$$\frac{N_1 - N_2}{N_1} = \frac{2 - 1.5}{2} = \frac{1}{4}$$

$$비굴절률\ 차 \triangle = 0.25 = 25\%$$

㉰ 개구수

$$개구수 = \sqrt{코어굴절률^2 - 클래드굴절률^2}$$

$$개구수 = \sqrt{(N_1)^2 - (N_2)^2}$$

$$\sqrt{(N_1)^2 - (N_2)^2} = \sqrt{2^2 - 1.5^2}$$

$$\sqrt{2^2 - 1.5^2} = 1.322\cdots$$

$$\therefore 1.32$$

문제

망형(Mesh Topology)에서 노드 개수가 6개일 경우, 회선(링크)의 개수와 전체 포트 개수 및 각 노드 포트 개수가 얼마인지 계산하고 순차적으로 답하시오.

정답 및 풀이

정답) 회선 15개 / 전체 포트 30개 / 각 노드 포트 5개

㉮ 노드의 개수 $n = 6$개

㉯ 망형(메시 토폴로지)의 회선(링크) 개수

$$\frac{n(n-1)}{2} = \frac{6 \times 5}{2} = 15$$

㉰ 망형의 전체 포트 개수

$$n(n-1)$$

$$6 \times 5 = 30$$

㉱ 망형의 각 노드 포트 개수

$$(n-1)$$

$$6 - 1 = 5$$

문제
링형(Ring Topology)에서 노드 개수가 6개일 경우, 회선(링크)의 개수와 전체 포트 개수가 얼마인지 계산하고 링형의 문제점을 보완할 수 있는 방법에 대해서 순차적으로 답하시오.
정답 및 풀이
정답) 회선 6개 / 전체 포트 12개 / 하단 풀이 참고

㉮ 노드의 개수 $n = 6$개

㉯ 링형(링 토폴로지)의 회선(링크) 개수

▶ 링 토폴로지에서 회선의 개수는 노드의 개수와 일치

$$\therefore 6개$$

㉰ 링형의 전체 포트 개수

$$(n \times 2)$$

$$6 \times 2 = 12$$

㉱ 링형의 문제점을 보완할 수 있는 방법
∴ '이중 링'을 적용하여 1차 링에 장애 발생 시, 페일오버(failover) 구현

계산 028_1

문제

다음의 질문에 대해 답하시오.

정보통신 시스템에서 신호파 전력은 16[W]이고, 정재파는 1.5 라고 한다. 이 때 반사(파) 전력은 얼마인지 계산하시오.

정답 및 풀이

정답) $0.64[W]$

㉮ 정재파비(VSWR)를 이용해 반사계수 구하기

$$VSWR = \frac{1 + |반사계수|}{1 - |반사계수|}$$

$$\frac{1 + |반사계수|}{1 - |반사계수|} = 1.5$$

$$1 + |반사계수| = 1.5(1 - |반사계수|)$$

$$2.5 \times |반사계수| = 0.5$$

$$\therefore 반사계수 = \frac{1}{5} = 0.2$$

문제

다음의 질문에 대해 답하시오.

정보통신 시스템에서 신호파 전력은 16[W]이고, 정재파는 1.5 라고 한다. 이 때 반사(파) 전력은 얼마인지 계산하시오.

정답 및 풀이

㉯ 반사계수 공식을 활용해 반사전력 계산하기

$$반사계수 = \sqrt{\frac{반사전력}{입사전력}}$$

신호파 전력의 값 16[W]를 입사전력에 대입하여 구하도록 한다.

$$0.2 = \sqrt{\frac{반사전력}{16[W]}}$$

$$0.04 = \frac{반사전력}{16[W]}$$

$$반사전력 = 0.64$$

$$\therefore 0.64[W]$$

문제
다음의 오실로스코프 파형(구형파)을 보고 각 질문에 대해 답하시오.

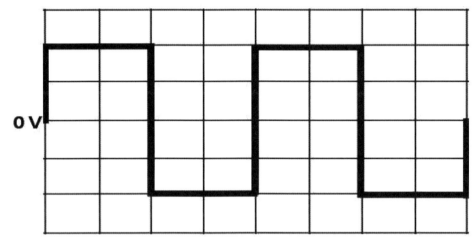

▶측정 장비 전압 : 0.5[V]/STEP, 0.5[ms]/STEP

㉮ 진폭 / ㉯ 실효값 / ㉰ 주파수를 순차적으로 구하시오.

정답 및 풀이

정답) ㉮ 1V / ㉯ 1V / ㉰ 500Hz

㉮ 진폭

$$0.5\,V \times 2칸 = 1\,V$$

㉯ 실효값

$$1\,V$$

구형파의 경우, 실효값은 파형의 피크값과 동일하다.

ⓒ 주파수

$$주파수(f) = \frac{1}{주기(T)}$$

상기 식은 주파수와 주기의 관계를 나타낸다.

▶ 문제에 언급된 오실로스코프 파형의 주기는 아래와 같다.

주기(T) : $0.5ms \times 4 = 2ms$

이를 바탕으로 주파수를 구하면 다음과 같음을 알 수 있다.

$$주파수(f) = \frac{1}{2ms} = \frac{1}{2 \times 10^{-3}}$$

$$\frac{1}{2 \times 10^{-3}} = \frac{1}{0.002} = 500Hz$$

$$\therefore 500Hz$$

	문제

다음의 그림을 보고 각각의 콘덴서에 관한 용량, 전압, 허용 오차를 작성하시오.

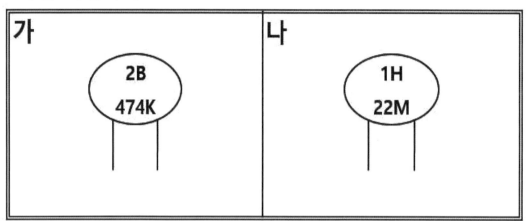

정답 및 풀이

정답)

㉮ 콘덴서

1. 용량 $= 47 \times 10^4 = 470000pF = 470nF = 0.47\mu F$

2. 전압 $= 125V$

3. 허용 오차 $= \pm 10\%$(콘덴서에 기재된 K를 통해 알 수 있음)

㉯ 콘덴서

1. 용량 $= 22 \times 10^0 = 22pF$

2. 전압 $= 50V$(콘덴서에 1H가 표기되지 않은 경우에도 해당됨)

3. 허용 오차 $= \pm 20\%$(콘덴서에 기재된 M을 통해 알 수 있음)

cf)

	2A	2B	1E	1H	F	J	K	M
값	100V	125V	25V	50V	±1%	±5%	±10%	±20%

문제
인터넷에서 크기가 10[Mbyte]인 MP3 파일을 다운로드 받을 때, 사용 중인 인터넷 회선의 다운로드 속도는 2[Mbps]라고 한다. MP3 파일을 모두 다운로드 하는데 소요되는 시간[sec]을 계산하시오.(1M은 10^6배수 처리한다)
정답 및 풀이

정답) $40[\text{sec}]$

㉮ 다운로드 받을 파일 : $10Mbyte = 10M \times 8bit$

㉯ 인터넷 회선의 다운로드 속도 : $2Mbps$

㉰ 해당 파일 다운로드 시 소요되는 시간

㉮ ÷ ㉯

$$= \frac{10M \times 8bit}{2Mbps} = \frac{10M \times 8bit}{2M \times \dfrac{bit}{\sec}}$$

$$= 40[\sec]$$

cf)

▷ bps(bit per second)는 1초 동안에 전송된 비트 수를 의미한다.

문제

광통신 시스템에서의 대역폭 식은 다음과 같다.

$BW = \dfrac{1}{2 \times \triangle t}$ ($\triangle t$는 분산을 의미함) 경사형 굴절률의

분산이 1.5[nS/Km]라고 한다면, 8km일 때 광통신

시스템의 대역폭은 얼마인지 계산하시오.

(반올림하여 소수점 둘째자리까지 표기하시오, 단위는 MHz를 사용)

정답 및 풀이

정답) $41.67MHz$(8km일 때의 광 대역폭)

㉮ 8km일 때 $\triangle t$

$$\triangle t = 1.5[nS/Km] \times 8Km = 12[nS]$$

㉯ 문제에 주어진 대역폭 공식 활용

$$BW = \frac{1}{2 \times \triangle t}$$

$$BW = \frac{1}{2 \times 12nS}$$

$$BW = \frac{1}{2 \times 12 \times 10^{-9}}$$

$$BW = 41.666MHz = 41.67MHz$$

문제
광통신 시스템에서의 대역폭 식은 다음과 같다. 광통신 시스템에서 1km일 때의 광 대역폭과 전기 대역폭은 얼마인지 계산하시오. (반올림하여 소수점 둘째자리까지 표기하시오, 단위는 MHz를 사용)
정답 및 풀이
정답) $333.33MHz$(1km일 때의 광 대역폭) ㉮ 1km일 때 $\triangle t$ $$\triangle t = 1.5[nS]$$ ㉯ 문제에 주어진 대역폭 공식 활용 $$BW = \frac{1}{2 \times \triangle t}$$ $$BW = \frac{1}{2 \times 1.5nS}$$ $$BW = \frac{1}{2 \times 1.5 \times 10^{-9}}$$ $$BW = 333.333MHz = 333.33MHz$$

문제
광통신 시스템에서의 대역폭 식은 다음과 같다. **광통신 시스템에서 1km일 때의 광 대역폭과 전기 대역폭은 얼마인지 계산하시오.** (반올림하여 소수점 둘째자리까지 표기하시오, 단위는 MHz를 사용)
정답 및 풀이
정답) $235.67MHz$(1km일 때의 전기 대역폭) ⑦ 전기 대역폭 $$0.707\left(=\frac{1}{\sqrt{2}}\right) \times \text{1km일 때의 광 대역폭}$$ ⑭ 전기 대역폭 공식 적용 $$0.707 \times \frac{1}{2 \times 1.5 \times 10^{-9}}$$ $$= \frac{0.707}{2 \times 1.5 \times 10^{-9}}$$ $$전기\,대역폭 = 235.666 MHz$$ $$\therefore 235.67 MHz$$

문제

진폭이 2V, 주파수가 1000Hz, 위상이 $\dfrac{\pi}{4}$인 정현파를 수식으로 표현하시오.

정답 및 풀이

정답) $2\sin\left(2000\pi t + \dfrac{\pi}{4}\right)$

정현파를 표현하는 수식은 아래와 같다.

$$V_m \times \sin(w \times t + \theta)$$

$V_m \times \sin(w \times t + \theta)$ 각각의 구성요소에 대한 설명을 참고한다.

① V_m은 최댓값(진폭)

② w는 각속도($w = 2\pi f$)

③ θ는 위상각

$$V_m \times \sin(w \times t + \theta)$$

$$= V_m \times \sin(2\pi f \times t + \theta)$$

☞ $2\sin\left(2000\pi t + \dfrac{\pi}{4}\right)$

문제
송신하고자 하는 데이터가 3200 비트(bit)이고, 동기 비트는 32bit라고 한다. 이 때, 코드 효율은 얼마인지 구하시오.
정답 및 풀이

정답) 99%

㉮ 전체 전송 비트 수

$$3200bit + 32bit = 3232bit$$

㉯ 유효한 정보 비트 수

$$3200\,bit$$

㉰ 코드효율

$$코드효율 = \frac{유효한\ 정보\ 비트수}{전체\ 전송\ 비트수} \times 100\%$$

$$코드효율 = \frac{3200bit}{3232bit} \times 100\%$$

$$\therefore\ 99\%$$

문제
다음의 오실로스코프 파형을 보고 각 질문에 대해 답하시오.

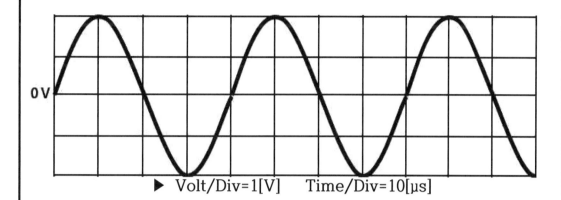

0V

▶ Volt/Div=1[V]   Time/Div=10[μs]

㉮ V_{pp} / ㉯ 주기 / ㉰ 주파수 / ㉱첨두치를 순차적으로 구하시오.

정답 및 풀이

정답) ㉮ 4V / ㉯ 40μs / ㉰ 25KHz / ㉱ 2V

㉮ V_{pp}(Peak to Peak Voltage)

$$1V \times 4칸 = 4V$$

V_{pp}는 파형의 Y축 최댓값과 최솟값 사이의 간격을 의미한다.
V_{pp}를 '첨두치 진폭'으로 칭하기도 한다.

㉯ 주기(T)

$$10\mu s \times 4 = 40\mu s$$

주기는 동일한 파형이 다시 나타날 때까지의 시간을 의미한다.

정답 및 풀이

㉓ 주파수

$$주파수(f) = \frac{1}{주기(T)}$$

상기 식은 주파수와 주기의 관계를 나타낸다. 이를 바탕으로 주파수를 구하면 다음과 같음을 알 수 있다.

$$주파수(f) = \frac{1}{40\mu s} = \frac{1}{40 \times 10^{-6}}$$

$$\frac{1}{40 \times 10^{-6}} = \frac{1}{0.00004} = 25000Hz$$

$$25000Hz = 25KHz$$

㉔ 첨두치(Peak Value) : 2V

'첨두치'와 '첨두치 진폭'의 개념에 대해 혼동하지 않도록 한다.

▷ 오실로스코프 파형 정보

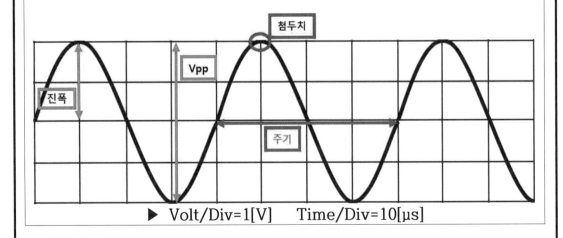

▶ Volt/Div=1[V]   Time/Div=10[μs]

문제

다음의 질문에 대해 답하시오.

급전선에 나타난 정재파비는 1.5라고 한다. 이 경우에 반사파 전력은 얼마인지 계산하시오.(단, 입사전력은 16[W])

정답 및 풀이

정답) $0.64[W]$

㉮ 정재파비(VSWR)를 이용해 반사계수 구하기

$$VSWR = \frac{1 + |반사계수|}{1 - |반사계수|}$$

$$\frac{1 + |반사계수|}{1 - |반사계수|} = 1.5$$

$$1 + |반사계수| = 1.5(1 - |반사계수|)$$

$$2.5 \times |반사계수| = 0.5$$

$$\therefore 반사계수 = \frac{1}{5} = 0.2$$

문제

다음의 질문에 대해 답하시오.

급전선에 나타난 정재파비는 1.5라고 한다. 이 경우에 반사파 전력은 얼마인지 계산하시오.(단, 입사전력은 16[W])

정답 및 풀이

㉯ 반사계수 공식을 활용해 반사전력 계산하기

$$반사계수 = \sqrt{\dfrac{반사전력}{입사전력}}$$

반사계수에는 0.2를 입사전력에는 16[W]를 대입하여 구하도록 한다.

$$0.2 = \sqrt{\dfrac{반사전력}{16\,[W]}}$$

$$0.04 = \dfrac{반사전력}{16\,[W]}$$

$$반사전력 = 0.64$$

$$\therefore 0.64\,[W]$$

문제

다음의 질문에 대해 답하시오.

PCM 통신에서 음성 최고 주파수가 4KHz일 때, 샘플링 주파수와 샘플링 주기를 각각 구하도록 하시오.

정답 및 풀이

정답) ㉮ $8KHz$(샘플링 주파수) / ㉯ $125\mu s$(샘플링 주기)

㉮ 샘플링 주파수 : f_s

$$f_s = 2 \times f_m$$

▷ f_s(샘플링 주파수)는 상기의 나이퀴스트 표본화 주파수 공식을 활용해 해결할 수 있다. (f_m은 최고 주파수를 의미함)

$$f_s = 2 \times f_m = 2 \times 4KHz = 8KHz$$

㉯ 샘플링 주기 : T

$$주기\,(T) = \frac{1}{주파수\,(f)}$$

▷ 상기 식은 주기와 주파수의 관계를 나타낸다. 이를 바탕으로 주기를 구하면 다음과 같음을 알 수 있다.

$$주기\,(T) = \frac{1}{주파수\,(f_s)} = \frac{1}{8 \times 10^3} = 125\mu s$$

문제

5개의 문자 A, B, C, D, E에 대한 각 문자의 발생 확률이 1/2, 1/4, 1/8, 1/16, 1/16인 경우, 각 문자에 대한 평균 정보량은 어떻게 되는지 구하시오.

정답 및 풀이

정답) 1.875 (bit/symbol)

각 문자의 발생 확률이 주어질 때 이에 대한 평균 정보량은 아래의 공식을 통해 구할 수 있다.

$$H = P_1 \times \log_2 \frac{1}{P_1} + \cdots + P_n \times \log_2 \frac{1}{P_n}$$

① A의 발생 확률이 1/2일 때, $P_1 \times \log_2 \frac{1}{P_1} = \frac{1}{2} \times \log_2 2 = \frac{1}{2}$

② B의 발생 확률이 1/4일 때, $P_2 \times \log_2 \frac{1}{P_2} = \frac{1}{4} \times \log_2 4 = \frac{1}{2}$

③ C의 발생 확률이 1/8일 때, $P_3 \times \log_2 \frac{1}{P_3} = \frac{1}{8} \times \log_2 8 = \frac{3}{8}$

④ D의 발생 확률이 1/16일 때, $P_4 \times \log_2 \frac{1}{P_4} = \frac{1}{16} \times \log_2 16 = \frac{1}{4}$

⑤ E의 발생 확률이 1/16일 때, $P_5 \times \log_2 \frac{1}{P_5} = \frac{1}{16} \times \log_2 16 = \frac{1}{4}$

문제

5개의 문자 A, B, C, D, E에 대한 각 문자의 발생 확률이 1/2, 1/4, 1/8, 1/16, 1/16인 경우, 각 문자에 대한 평균 정보량은 어떻게 되는지 구하시오.

정답 및 풀이

각 문자의 발생 확률이 주어질 때 이에 대한 평균 정보량은 아래의 공식을 통해 구할 수 있다.

$$H = P_1 \times \log_2 \frac{1}{P_1} + \cdots + P_n \times \log_2 \frac{1}{P_n}$$

$$H = ①+②+③+④+⑤$$

$$= \frac{1}{2} + \frac{1}{2} + \frac{3}{8} + \frac{1}{4} + \frac{1}{4}$$

$$= 0.5 + 0.5 + 0.375 + 0.25 + 0.25$$

$$= 1.875$$

$$\therefore 1.875$$

문제
8위상 2진폭 변조 시, 변조 속도가 4800[Baud]라고 한다. 이 때 (1)단위 신호 당 비트수와 (2)신호 속도 [bps]는 얼마인지 구하시오.
정답 및 풀이

정답) (1) 4bit / (2) 19200 bps

$$bps = Baud \times 단위\ 신호\ 당\ 비트수$$

▶ 상기 식에 따라 Baud에는 4800을 대입한다.

한편, 단위 신호 당 비트수는 다음과 같이 구할 수 있다.

▷ M은 위상 편이 방식의 상태 수치를 의미한다.

n은 위상 편이 방식의 비트 수를 의미한다.

문제에 언급된 8위상 2진폭 변조 방식의 경우, M은 16이다.

$$M = 2^n$$
$$8 \times 2 = 2^n$$
$$\log_2(8 \times 2) = \log_2 2^n$$
$$\log_2 16 = \log_2 2^n$$
$$4 = n$$

8위상 2진폭 변조 방식의 단위 신호 당 비트수는 4bit로 구성

문제
8위상 2진폭 변조 시, 변조 속도가 4800[Baud]라고 한다. 이 때 (1)단위 신호 당 비트수와 (2)신호 속도 [bps]는 얼마인지 구하시오.

정답 및 풀이

▶ bps = Baud × 단위 신호 당 비트수

□ bps = 4800Baud × 4 bit

19200 bps = 4800Baud × 4 bit

$$\therefore 19200\, bps$$

cf)

▷ bps(bit per second)는 1초 동안에 전송된 비트 수를 의미한다. baud는 1초 동안에 발생된 신호의 변화 횟수를 의미한다.

▷ 8위상 2진폭 변조는 다음과 같이 해석된다.

8위상 : 8개의 신호 전송 방향 지점이 있음
2진폭 : 한 지점으로 2가지 상태의 디지털 신호 크기를 전송
이를 바탕으로 16가지의 신호 레벨이 구현됨을 알 수 있다.

※ 한편, 문제에서 '8위상 2진폭' 대신 '16위상'으로 표기되어도 정답과 풀이는 동일하다. 왜냐하면 16위상이란 16개의 신호 전송 방향 지점이 있음을 의미하기 때문이다.

문제
다음의 질문에 대해 답하시오. 표본화 주파수는 48KHz이고 PCM 펄스에서 신호 주파수가 8KHz일 때, 표본화 펄스의 수 N(개/수)을 구하시오. 또한 재생 가능한 최대 주파수 f_m(KHz)에 대해서도 계산하시오.
정답 및 풀이

정답) ㉮ $N = 6$(개/수) / ㉯ $f_m = 24KHz$

㉮ 표본화 펄스의 수 : N

$$표본화 펄스의 수(N) = \frac{표본화 주파수}{신호 주파수}$$

$$\frac{표본화 주파수}{신호 주파수} = \frac{48KHz}{8KHz} = 6$$

$$\therefore N = 6$$

㉯ 재생 가능한 최대 주파수 : f_m

$$f_s = 2 \times f_m$$

상기의 나이퀴스트 표본화 주파수 공식을 활용해 해결할 수 있다.

$$48KHz = 2 \times f_m$$

$$f_m = 24KHz$$

문제
200MHz의 주파수를 사용하는 안테나로, 파장의 $\frac{1}{4}$안테나를 이용한다면 안테나의 높이는 얼마인지 계산하시오.
정답 및 풀이

정답) $0.375\,[m]$

해당 문제는 파장(λ)을 활용하여 구할 수 있다.

$$\lambda = \frac{c}{f}$$

f는 주파수를, c는 빛의 속도($3 \times 10^8\,[m/s]$)를 일컫는다.

$$\lambda = \frac{c}{f} = \frac{3 \times 10^8\,[m/s]}{200MHz}$$

$$\lambda = \frac{3 \times 10^8\,[m/s]}{200 \times 10^6 Hz} = 1.5\,[m]$$

▶ $\frac{1}{4}$안테나를 이용 시의 풀이는 아래와 같다.

$$\frac{1}{4} \times \lambda = \frac{1}{4} \times 1.5$$

$$\therefore 0.375\,[m]$$

계산 042

문제
비트오류율(BER)이 10^{-8}이고, 10[Mbps]로 1시간 동안 전송할 경우 최대 오류 비트 수가 얼마인지 구하시오.

정답 및 풀이

정답) 360 bit

㉮ 비트오류율(BER)

$$10^{-8}$$

㉯ 10Mbps로 1시간 동안 전송

$$10\text{Mbps} = 10 \times 10^6 [bps]$$

$$1\text{시간} = 60 \times 60 [\sec]$$

$$\therefore (10 \times 10^6) \times (60 \times 60)$$

㉰ 최대 오류 비트 수 : ㉮×㉯

$$10^{-8} \times (10 \times 10^6) \times (60 \times 60)$$

$$\therefore 360 \, bit$$

계산 043

문제
다음의 질문에 대해 답하시오. 평균고장간격이 98시간이고, 평균수리시간이 2시간인 장치 2대가 직렬 연결되어 있다. 이 때, 가동률(%)은 얼마인지 계산하시오.
정답 및 풀이
정답) 96.04% ▶ 가동률 공식(장치 1대 기준) $$\frac{MTBF}{MTBF + MTTR} \times 100\%$$ $$\frac{평균고장간격}{평균고장간격 + 평균수리시간} \times 100\%$$ $$\frac{98}{98 + 2} \times 100\% = 98\% \ (= 0.98)$$ 한편, 장치 2대가 직렬로 연결되어 있는 경우는 다음과 같이 풀이된다. $$98\% \times 98\% = 96.04\%$$ $$\therefore 96.04\%$$

계산 044

문제
다음의 질문에 대해 답하시오. 가동률이 0.92이고, MTBF(평균고장간격)가 23시간이라면 MTTR(평균수리시간)은 얼마인지 계산하시오.
정답 및 풀이

정답) 2(시간)

▶ 가동률 공식(장치 1대 기준)

$$\frac{MTBF}{MTBF+MTTR} \times 100\%$$

$$\frac{평균고장간격}{평균고장간격+평균수리시간} \times 100\%$$

$$\frac{23}{23+MTTR} \times 100\% = 92\% \ (=0.92)$$

$$\frac{23}{23+MTTR} = 0.92$$

$$23 = 0.92(23+MTTR)$$

$$\therefore MTTR = 2$$

문제

광통신시스템에서 접속횟수는 n, 광섬유 손실은 Lo, 광원출력이 Ps, 수신감도가 Pr, 광커넥터 손실이 Lc, 환경마진이 Ms, 접속손실은 Ls라고 한다.

상기 내용을 참고하여 광케이블 선로를 설치할 경우 중계기 설치 간격은 어떻게 되는지 구하시오.

정답 및 풀이

정답) L[km] 하단 식 참고

$$L[km] = \frac{(P_s - P_r) - \{(L_c + L_s) \times n + M_s\}}{L_o \times (n+1)}$$

▷접속손실 Ls 와 광커넥터 손실 Lc 에서는 n번의 손실 발생
　광섬유 손실 Lo 에서는 (n+1)번의 손실 발생

▷상기 문제에서 '시스템마진(Lm)'이라는 조건이 추가적으로
　제시됐다면 '환경마진'의 뒤에 합산처리하여 식을 전개한다.

$$\{(L_c + L_s) \times n + (M_s + L_m)\}$$

계산 046

문제

광통신시스템에서 광원출력 Ps = -3.5dBm, 수신감도 Pr = -34dBm, 광섬유 케이블의 광파장 손실이 Lo = 0.42dB, 접속 손실 Ls = 4dB, 시스템마진은 Lm = 3dB라고 한다.

(1) 상기 내용을 참고해 광케이블 선로를 설치할 경우 중계기 설치 간격은 얼마인지 구하시오.(반올림하여 소수점 셋째자리까지 표기하시오)
(2) 광재생 중계기를 70km 간격으로 설치할 때 해당 중계기의 사용 가능 여부를 판단하시오.(가능 여부와 이유를 서술할 것)

정답 및 풀이

정답) (1) 55.952 km / (2) 사용 불가능(풀이 참고)

$$L[km] = \frac{(P_s - P_r) - (L_s + L_m)}{L_o}$$

▷문제의 조건 값을 상기 식에 순차적으로 대입해 계산한다.

$$L[km] = \frac{\{-3.5 - (-34)\} - (4+3)}{0.42} = 55.9523\cdots$$

$$\therefore 55.9523\cdots = 55.952\,km$$

▷광재생 중계기를 70km 간격으로 설치할 때, 해당 중계기는 사용이 불가능하다. 왜냐하면 해당 광재생 중계기의 **설치간격 가용 범위**(55.952km) **외 거리**(70km)**로 확인되기 때문**이다. 설치 간격 가용 범위는 55.952km 이내여야 한다.

문제

다음의 질문에 대해 답하시오.

Point β에서 f(주파수)가 2.6GHz이고 VSWR(정재파비)는 2.0175인 경우, 반사계수는 얼마인지 계산하시오.
(반올림하여 소수점 둘째자리까지 표기하시오)

정답 및 풀이

정답) 0.34

▶ 아래의 정재파비 공식을 이용하여 반사계수를 구한다.

$$VSWR(정재파비) = \frac{1 + |반사계수|}{1 - |반사계수|}$$

$$2.0175 = \frac{1 + |반사계수|}{1 - |반사계수|}$$

$$1 + |반사계수| = 2.0175(1 - |반사계수|)$$

$$3.0175 \times |반사계수| = 1.0175$$

$$\therefore 반사계수 = \frac{1.0175}{3.0175} = 0.3371 \cdots = 0.34$$

문제
최대 주파수가 15[KHz]라고 한다. 이 때, 전송 가능한 비트 수는 얼마인지 구하시오. (단, 샘플당 8[bit] 부호화로 처리한다)
정답 및 풀이

정답) $240000\,bit$

㉮ 최대 주파수를 활용해 샘플링 주파수(f_s)를 구한다.

$$f_s = 2 \times f_m$$

▷ f_s(샘플링 주파수)는 상기의 나이퀴스트 표본화 주파수 공식을 활용해 해결할 수 있다. (f_m은 최고 주파수를 의미함)

$$f_s = 2 \times f_m = 2 \times 15KHz = 30KHz$$

㉯ 샘플링 주파수를 8비트 부호화 처리한다.

$$30KHz \times 8bit = 30000Hz \times 8bit = 240000[bps]$$

▷ bps(bit per second)는 1초 동안에 전송된 비트 수를 의미한다.

$$\therefore 240000\,bit \text{ 전송 가능}$$

계산 049

다음의 질문에 대해 답하시오.

주파수가 1KHz로 동일한 두 신호는 90°위상차를 보인다. 이 때, 몇 초의 시간 차이가 발생하는지 구하시오.

정답) $2.5 \times 10^{-4}[\text{sec}]$

▶ 두 신호가 90°위상차를 보인다는 것은 아래와 같이 해석된다.

① 한 신호가 다른 신호보다 주기의 $\frac{1}{4}$ 만큼 지연되고 있다.

② 다른 신호는 한 신호보다 주기의 $\frac{1}{4}$ 만큼 앞서고 있다.

☞ 즉, 주기의 $\frac{1}{4}$ 에 해당하는 시간 차이가 발생

$$주기\,(T) = \frac{1}{주파수}$$

상기 공식을 활용하여 시간 차이를 구한다.

$$시간\ 차이 = \frac{1}{4} \times \frac{1}{주파수} = \frac{1}{4} \times \frac{1}{1[KHz]} = \frac{1}{4000Hz}$$

$$\therefore 2.5 \times 10^{-4}[\text{sec}]$$

문제
다음의 질문에 대해 답하시오. 잡음이 없는 20KHz의 대역폭을 사용해 280Kbps의 속도로 데이터를 전송할 때 진수 M의 값을 구하도록 하시오. (진폭과 위상을 동시에 변조하는 방식 적용)
정답 및 풀이
정답) 128QAM

$$C = 2B \times \log_2 M$$

해당 문제는 상기 나이퀴스트(Nyquist)의 채널 용량 공식을 통해 풀 수 있다.
위의 채널 용량 공식은 잡음이 존재하지 않는 채널과 관련한 문제 풀이에 필요

$$C = 2B \times \log_2 M$$

$$280 Kbps = 2 \times 20 KHz \times \log_2 M$$

$$280 Kbps = 40 KHz \times \log_2 M$$

$$7 Kbps = 1 KHz \times \log_2 M$$

$$M = 2^7 = 128$$

한편, 진폭과 위상을 동시에 변조하는 방식은 QAM(ASK+PSK)

$$\therefore 128QAM$$

문제
신호 대 잡음 비가 100일 때, 대역폭은 1000[Hz]라고 한다. 이를 바탕으로 하여 채널의 전송용량(C)을 구하시오.(소수점 이하는 제외하고 단위는 반드시 표기한다)
정답 및 풀이

정답) $6658bps$

$$C = B \times \log_2(1 + S/N)$$

해당 문제는 상기 클로드 섀넌(Shannon)의 채널 용량 공식을 통해 풀 수 있다.

① 상기 식을 바탕으로 S/N 자리에는 100을 대입한다.

② 대역폭 1000Hz는 B에 대입한다.

$$C = 1000 \times \log_2(1 + 100)$$

$$C = 1000 \times \log_2(101)$$

$$C = 1000 \times 6.6582\cdots$$

$$C = 6658.2\cdots$$

$$C = 6658bps$$

문제

다음의 질문에 답하시오.

광케이블(Optical Calbe) 10m당 3%의 흡수 손실이 발생한다. 단위 길이(km)당 손실[dB/km]은 얼마인지 계산하시오.
(반올림하여 소수점 둘째자리까지 표기하시오)

정답 및 풀이

정답) -13.23[dB/km] (=손실 13.23[dB/km])

신호의 세기를 1이라 가정할 때, 실제 신호의 세기는 다음과 같다.

① 광케이블 거리가 10m일 때 실제 신호의 세기를 구한다.

$$1 - 1 \times \frac{3}{100} = 1 \times (1 - \frac{3}{100}) = 1 \times \frac{97}{100} = 0.97$$

② 광케이블 거리가 20m일 때 실제 신호의 세기를 구한다.

$$0.97 - 0.97 \times \frac{3}{100} = 0.97 \times (1 - \frac{3}{100}) = 0.97 \times \frac{97}{100} = 0.97^2$$

③ 광케이블 거리가 30m일 때 실제 신호의 세기를 구한다.

$$0.97^2 - 0.97^2 \times \frac{3}{100} = 0.97^2 \times (1 - \frac{3}{100}) = 0.97^2 \times \frac{97}{100} = 0.97^3$$

...

문제

다음의 질문에 답하시오.

광케이블(Optical Calbe) 10m당 3%의 흡수 손실이 발생한다. 단위 길이(km)당 손실[dB/km]은 얼마인지 계산하시오.
(반올림하여 소수점 둘째자리까지 표기하시오)

정답 및 풀이

1km일 때, 실제 신호의 세기는 다음과 같음을 알 수 있다.

$$10\text{m일 때 } 0.97^1$$
$$20\text{m일 때 } 0.97^2$$
$$30\text{m일 때 } 0.97^3$$
$$1000\text{m(=1km)일 때 } 0.97^{100}$$

▶ 단위 길이(km)당 손실[dB/km]은 아래의 공식을 활용한다.

$$= 10\log\left(\frac{1km\text{일 때 실제 신호 세기}}{\text{기존의 신호 세기}}\right)$$

$$= 10\log\left(\frac{0.97^{100}}{1}\right) = 10\log(0.97^{100})$$

$$= 1000\log(0.97) = 1000 \times (-0.013228\cdots)$$

$$= -13.228[dB/km] = -13.23[dB/km]$$

계산 053

문제
L은 8이고 비트레이트(Rate)는 9600[bps]라고 한다. 대역폭[Hz]은 얼마인지 구하시오.(관련 식 : C=$2Wlog_2L$)
정답 및 풀이

정답) $1600\,Hz$

$$C = 2Wlog_2L$$

▶ 상기 식의 C에는 9600[bps], L에는 8을 대입한다.

　 W는 대역폭을 의미한다.

$$C = 2Wlog_2L$$

$$9600\,bps = 2Wlog_28 = 2Wlog_22^3$$

$$9600\,bps = 6 \times W$$

$$1600Hz = W$$

문제
초단파라 일컫는, VHF(Very High Frequency) 파장 범위를 계산하시오.
정답 및 풀이

정답) $1{\sim}10\,[m]$

해당 문제는 파장(λ)을 활용하여 구할 수 있다.

$$\lambda = \frac{c}{f}$$

f는 주파수를, c는 빛의 속도($3 \times 10^8\,[m/s]$)를 일컫는다.
VHF 주파수 범위는 $30\,MHz \sim 300\,MHz$, 이를 활용하여 계산한다.

$$\lambda = \frac{c}{f} = \frac{3 \times 10^8\,[m/s]}{30\,MHz} \;\Rightarrow\; \lambda = \frac{3 \times 10^8\,[m/s]}{30 \times 10^6\,Hz} = 10\,[m]$$

$$\sim$$

$$\lambda = \frac{c}{f} = \frac{3 \times 10^8\,[m/s]}{300\,MHz} \;\Rightarrow\; \lambda = \frac{3 \times 10^8\,[m/s]}{300 \times 10^6\,Hz} = 1\,[m]$$

▶ 상기 과정을 통해 VHF 파장 범위는 아래와 같음을 알 수 있다.

$$\therefore 1\,[m]{\sim}10\,[m]$$

계산 055_1

문제
16위상 변조 시, 변조 속도는 8400[Baud]라고 한다. 이 때 신호 속도[bps]는 얼마인지 구하시오.
정답 및 풀이

정답) 33600 bps

$$bps = Baud \times 단위\ 신호\ 당\ 비트수$$

▶ 상기 식에 따라 Baud에는 8400을 대입한다.

한편, 단위 신호 당 비트수는 다음과 같이 구할 수 있다.

▷ M은 위상 편이 방식의 상태 수치를 의미한다.

n은 위상 편이 방식의 비트 수를 의미한다.

문제에 언급된 16위상 편이 변조 방식의 경우, M은 16이다.

$$M = 2^n$$
$$16 = 2^n$$
$$\log_2 16 = \log_2 2^n$$
$$4 = n$$

16위상 편이 변조 방식의 단위 신호 당 비트수는 4bit로 구성

문제
16위상 변조 시, 변조 속도는 8400[Baud]라고 한다. 이 때 신호 속도[bps]는 얼마인지 구하시오.
정답 및 풀이

▶ bps = Baud × 단위 신호 당 비트수

□ bps = 8400Baud × 4 bit

33600 bps = 8400Baud × 4 bit

$$\therefore 33600\,bps$$

cf)

▷ bps(bit per second)는 1초 동안에 전송된 비트 수를 의미한다. baud는 1초 동안에 발생된 신호의 변화 횟수를 의미한다.

▷ 16위상이란, 16개의 신호 전송 방향 지점이 있음을 의미한다.

문제

데이터 통신에서 사용되는 통신 속도의 종류에 변조 속도가 있다. 1비트(bit)를 전송할 때, 2[ms]가 소요됐을 경우의 변조 속도(Baud)를 구하시오.

정답 및 풀이

정답) $500\,Baud$

$$B = \frac{1}{T}$$

▷ 상기의 식에서 B는 변조 속도(Baud)를 의미한다.

　T는 단위 펄스의 시간 길이를 의미한다.

▶ 상기의 식을 활용하여 해당 문제를 해결한다.

$$B = \frac{1}{T} = \frac{1}{2ms}$$

$$B = \frac{1}{T} = \frac{1}{2 \times 10^{-3}} = 500\,Baud$$

문제
다음의 질문에 대해 답하시오. 포설된 동축 케이블 임피던스를 측정하였다. 개방 임피던스가 100Ω, 단락 임피던스가 25Ω이라고 한다면 특성 임피던스의 값은 얼마인지 계산하시오.
정답 및 풀이
정답) 50Ω

▶ 특성 임피던스

$$\sqrt{개방임피던스 \times 단락임피던스}$$

특성 임피던스는 상기 공식을 통해 구할 수 있다.

$$특성임피던스 = \sqrt{100Ω \times 25Ω}$$

$$특성임피던스 = \sqrt{2500Ω} = 50Ω$$

$$\therefore 50Ω$$

문제
PCM 기록 장치에서 최고 주파수 15[KHz]까지 녹음을 완료하기 위해, 1초에 몇 비트의 정보량을 기록해야 하는지 계산하시오.(단, 샘플당 8[bit] 부호화로 처리한다)
정답 및 풀이

정답) 240000 bps

㉮ 최대 주파수를 활용해 샘플링 주파수(f_s)를 구한다.

$$f_s = 2 \times f_m$$

▷ f_s(샘플링 주파수)는 상기의 나이퀴스트 표본화 주파수 공식을 활용해 해결할 수 있다. (f_m은 최고 주파수를 의미함)

$$f_s = 2 \times f_m = 2 \times 15KHz = 30KHz$$

㉯ 샘플링 주파수를 8비트 부호화 처리한다.

$$30KHz \times 8bit = 30000Hz \times 8bit = 240000[bps]$$

▷ bps(bit per second)는 1초 동안에 전송된 비트 수를 의미한다.

$$\therefore 240000 \, bps$$

문제
FM신호 $v(t) = 10\cos\left(2 \times 10^7 \pi t + 20\sin 1000\pi t\right)$의 대역폭[Hz]은 얼마인지 구하시오.
정답 및 풀이

정답) 21000[Hz]

$$v(t) = 10\cos\left(2 \times 10^7 \pi t + 20\sin 1000\pi t\right)$$

▶ FM 신호 식에 대한 아래의 설명을 참고한다.

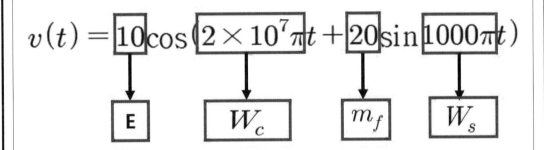

$$v(t) = \boxed{10}\cos\left(\boxed{2 \times 10^7 \pi}t + \boxed{20}\sin\boxed{1000\pi}t\right)$$

① E : 파형의 최대치 또는 최소치

② W$_c$: $2\pi \times f_c$와 동일 (f_c는 반송파 주파수)

③ m_f : FM 변조지수

④ W$_s$: $2\pi \times f_s$와 동일 (f_s는 신호파 주파수)

정답 및 풀이

▷ FM 신호 식의 설명을 참고해 반송파 주파수 f_c를 구한다.

$$f_c = \frac{W_c}{2\pi} = \frac{2 \times 10^7 \pi}{2\pi} = 10^7 [Hz]$$

▷ FM 신호 식의 설명을 참고해 신호파 주파수 f_s를 구한다.

$$f_s = \frac{W_s}{2\pi} = \frac{1000\pi}{2\pi} = 500 [Hz]$$

▶ 점유 대역폭(BW)은 아래의 과정을 통해 해결할 수 있다.

$$BW = 2(f_s + \triangle f) = 2f_s(1 + m_f)$$

(상기 식에서 $\triangle f$는 최대 주파수 편이를 의미한다)

$$BW = 2f_s(1 + m_f)$$

$$BW = 2 \times 500[Hz] \times (1 + 20)$$

$$BW = 1000[Hz] \times (1 + 20)$$

$$\therefore 21000[Hz]$$

문제

다음의 질문에 대해 답하시오.

양극 직류 전압이 2KV, 직류 전류는 400[mA] 그리고 효율은 50%라고 할 때, 출력 전력은 얼마인지 계산하시오.

정답 및 풀이

정답) 400 W

▶ 출력전력

$$출력전력 = 직류전압 \times 직류전류 \times 효율$$

출력전력은 상기 공식을 통해 구할 수 있다.

$$출력전력 = 2KV \times 400[mA] \times 50\%$$

$$출력전력 = 2000\,V \times 0.4A \times 0.5$$

$$\therefore 400\,W$$

cf)

$\triangleright\ 0.001A_{(암페어)} = 1mA_{(밀리암페어)}$

문제

다음의 질문에 대해 답하시오.

ASCII코드에서 A자는 1000001인 7bit의 정보 비트로 1bit의 패리티 비트와 구성된다. 문자 전송 시 1bit의 시작 비트와 1bit의 스톱 비트를 사용해 4800[bps]로 비동기 전송을 한다. ㉮ 코드효율 / ㉯ 전송효율 / ㉰ 유효속도의 값이 얼마인지 순차적으로 계산하여 답하시오.

정답 및 풀이

정답) ㉮ 87.5% / ㉯ 80% / ㉰ 3360 bps

㉮ 코드효율

$$\frac{정보비트}{전체 비트(=정보비트+패리티비트)}$$

$$\frac{7}{7+1} = 0.875 \Rightarrow 87.5\% \text{(백분율 변환)}$$

㉯ 전송효율

$$\frac{정보비트 + 패리티비트}{시작비트 + (정보비트+패리티비트) + 스톱비트}$$

$$\frac{7+1}{1+(7+1)+1} = 0.8 \Rightarrow 80\% \text{(백분율 변환)}$$

문제
다음의 질문에 대해 답하시오. ASCII코드에서 A자는 1000001인 7bit의 정보 비트로 1bit의 패리티 비트와 구성된다. 문자 전송 시 1bit의 시작 비트와 1bit의 스톱 비트를 사용해 4800[bps]로 비동기 전송을 한다. ㉮ 코드효율 / ㉯ 전송효율 / ㉰ 유효속도의 값이 얼마인지 순차적으로 계산하여 답하시오.
정답 및 풀이

㉰ 유효속도

$$신호속도 = 4800[bps]$$

$$시스템전체효율 = 코드효율 \times 전송효율$$

▶ 유효속도 $=$ 신호속도 $\times$ 시스템전체효율

$$유효속도 = 신호속도 \times (코드효율 \times 전송효율)$$

$$유효속도 = 4800bps \times (0.875 \times 0.8)$$

$$유효속도 = 4800bps \times (0.7)$$

$$\therefore 유효속도 = 3360bps$$

계산 062_1

문제

그림을 보고 다음의 질문에 대해 답하시오.

그림은 VSWR(정재파비)를 측정한 파형이다. Point 2에서 f (주파수)가 2.569939927GHz인 지점의 반사계수는 얼마인지 계산하시오.
(반올림하여 소수점 둘째자리까지 표기하시오)

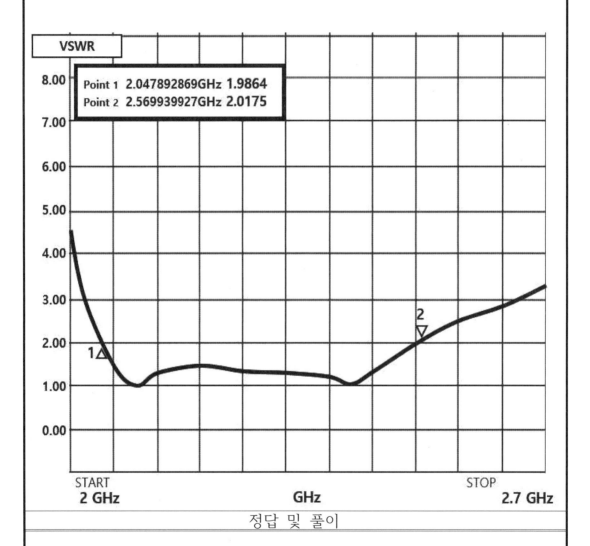

정답 및 풀이

정답) 0.34

문제
그림을 보고 다음의 질문에 대해 답하시오. 그림은 VSWR(정재파비)를 측정한 파형이다. Point 2에서 f (주파수)가 2.569939927GHz인 지점의 반사계수는 얼마인지 계산하시오. (반올림하여 소수점 둘째자리까지 표기하시오)
정답 및 풀이

그림을 통해 Point 2의 정재파비가 2.0175임을 알 수 있다.

▶ 아래의 정재파비 공식을 이용하여 반사계수를 구한다.

$$VSWR(정재파비) = \frac{1 + |반사계수|}{1 - |반사계수|}$$

$$2.0175 = \frac{1 + |반사계수|}{1 - |반사계수|}$$

$$1 + |반사계수| = 2.0175(1 - |반사계수|)$$

$$3.0175 \times |반사계수| = 1.0175$$

$$\therefore 반사계수 = \frac{1.0175}{3.0175} = 0.3371 \cdots = 0.34$$

문제

아래의 측정과 관련한 단위를 각각 설명하시오. 또한 대수(로그)를 이용하여 표시하도록 하시오.

㉮ dBm

㉯ dBW

㉰ dBmV

정답 및 풀이

㉮ dBm : 1mW를 기준으로 한 전력의 절대레벨 단위

$$[\text{dBm}] = 10\log\left(\frac{P}{1[mW]}\right)$$

(P는 비교 대상 전력 값)

㉯ dBW : 1W를 기준으로 한 전력의 절대레벨 단위

$$[\text{dBW}] = 10\log\left(\frac{P}{1[W]}\right)$$

(P는 비교 대상 전력 값)

㉰ dBmV

dBmV은 1mV를 기준으로 한 전압의 절대레벨 단위를 의미

$$[\text{dBmV}] = 20\log\left(\frac{V}{1[mV]}\right)$$

(V는 비교 대상 전압 값)

<table>
<tr><td align="center">문제</td></tr>
</table>

다음의 그림을 보고 해당하는 발진기의 이름과 C_1의 용량

값을 계산하시오.(반올림하여 소수점 둘째자리까지 표기하시오)

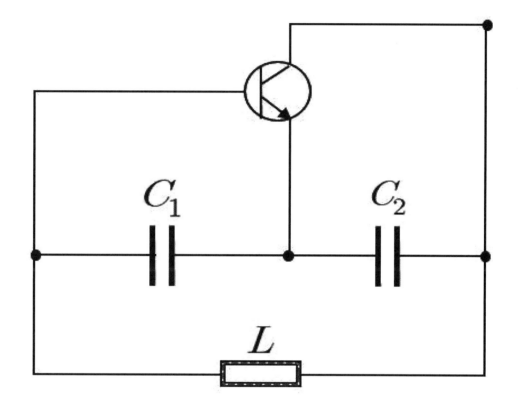

L=3mH, $C_1 = C_2$, $f = 35KHz$

<table>
<tr><td align="center">정답 및 풀이</td></tr>
</table>

정답) 콜피츠 발진기

$$C_1 = 13.79[\text{nF}]$$

cf)

$pF = 10^{-12}F$	$nF = 10^{-9}F$	$\mu F = 10^{-6}F$

▶ 회로도 해석 : 커패시터 2개와 인덕턴스 1개로 구성

회로도의 커패시터(C) 2개는 서로 직렬연결 되어 있고,
인덕턴스(L)와는 병렬로 결합되어 있음을 알 수 있다.

▷ 아래의 발진 주파수 공식을 이용하여 C_1을 구한다.

$$f = \cfrac{1}{2\pi \sqrt{L \times (\cfrac{C_1 C_2}{C_1 + C_2})}}$$

$$35\,[KHz] = \cfrac{1}{2\pi \sqrt{3\,[mH] \times \cfrac{(C_1)^2}{2C_1}}}$$

$$35\,[KHz] = \cfrac{1}{2\pi \sqrt{3\,[mH] \times \cfrac{C_1}{2}}}$$

$$C_1 = 1.3785195 \times 10^{-8}$$

$$C_1 = 1.3785195 \times 10^{-8} \times \frac{10}{10} = 13.785195 \times 10^{-9}$$

$$C_1 = 13.785195 \times 10^{-9}\,[F] = 13.79\,[nF]$$

문제

아래의 표는 짝수 패리티를 가진 해밍코드를 수신한 것이다. 각각의 질문에 대해 답하시오.

에러 수정 전

비트번호	1	2	3	4	5	6	7	8	9
해밍코드	0	0	1	0	1	0	0	0	0

㉮ 패리티 비트(Parity bit)는 몇 개인지 답하시오.

㉯ 에러 비트(Errot bit)는 몇 번째인지 답하시오.

㉰ 에러가 수정된 정보비트 10진수 값을 계산하시오.

정답 및 풀이

정답) ㉮ 4개 / ㉯ 6번째 / ㉰ 28

㉮ 패리티 비트의 개수

$$2^p \geqq m + p + 1$$

(m은 데이터 비트 수, p는 패리티 비트 수를 의미함)

▷ 상기의 공식을 활용하여 패리티 비트의 개수를 구한다.

☞ 제시된 표는, 패리티 비트와 데이터 비트가 결합하여 총 9개의 비트를 갖고 있는 것으로 해석된다.(즉, m+p=9라는 것을 알 수 있음)

정답 및 풀이

$$2^p \geqq m + p + 1$$

$$2^p \geqq 9 + 1$$

$$P \geqq 4$$

☞ 패리티 비트 수 : 4

최소 4비트의 패리티 비트를 사용해야 코드를 표현하는 것이 가능함을 알 수 있다. 한편, 패리티 비트는 $2^n (n = 0, 1, 2 \cdots)$ 번째에 위치한다. 이를 바탕으로 패리티 비트는 '비트번호가 1, 2, 4, 8번째'인 곳에 배치되어 있음을 알 수 있다.

④ 에러 비트는 몇 번째에 있는지 구하시오.

	E_1	E_2	E_3	E_4	E_5	E_6	E_7	E_8	E_9
P_1	■		■		■		■		■
P_2		■	■			■	■		
P_3				■	■	■	■		
P_4								■	■

상기의 표는 아래의 P_n 규칙과 연관성이 있음

P_n : n번째 패리티 검사 시, 2^{n-1}번째부터 2^{n-1}개의 비트를 검사 후, 2^{n-1}칸 건너뛰어 반복함.(관련 비트번호 파악 가능)

정답 및 풀이

▷ P_1 : 1번째부터 1개의 비트 검사 후, 1칸씩 건너뛰어 반복함. 이를 바탕으로, 비트번호 '1, 3, 5, 7, 9'의 해밍코드 1의 개수의 전체 합은 짝수임을 알 수 있고 $P_1 = 0$이 된다.

(0, 1, 1, 0, 0)

▷ P_2 : 2번째부터 2개의 비트 검사 후, 2칸씩 건너뛰어 반복함. 이를 바탕으로, 비트번호 '2, 3, 6, 7'의 해밍코드 1의 개수의 전체 합은 홀수임을 알 수 있고 $P_2 = 1$이 된다.

(0, 1, 0, 0)

▷ P_3 : 4번째부터 4개의 비트 검사 후, 4칸씩 건너뛰어 반복함. 이를 바탕으로, 비트번호 '4, 5, 6, 7'의 해밍코드 1의 개수의 전체 합은 홀수임을 알 수 있고 $P_3 = 1$이 된다.

(0, 1, 0, 0)

▷ P_4 : 8번째부터 8개의 비트 검사 후, 8칸씩 건너뛰어 반복함. 이를 바탕으로 비트번호 '8, 9'의 해밍코드 1의 개수의 전체 합은 짝수임을 알 수 있고 $P_4 = 0$이 된다.

(0, 0)

$$\therefore P_4 P_3 P_2 P_1 \Rightarrow 0110_{(2)}$$

$0110_{(2)}$를 10진수로 표현하면 6이 된다.

▶ 결론적으로 비트번호가 6번째인 곳에 에러가 발생했음을 알 수 있다.

정답 및 풀이

㉰ 에러가 수정된 정보비트 10진수 값

에러 수정 전

비트번호	1	2	3	4	5	6	7	8	9
해밍코드	0	0	1	0	1	0	0	0	0

⇩

에러 수정 후

비트번호	1	2	3	4	5	6	7	8	9
해밍코드	0	0	1	0	1	**1**	0	0	0

패리티 비트는 $2^n (n = 0, 1, 2 \cdots)$번째에 위치한다. 이를 바탕으로 패리티 비트는 '비트번호가 1, 2, 4, 8번째'인 곳에 배치되어 있음을 알 수 있다.

비트번호	1	2	3	4	5	6	7	8	9
해밍코드	0	0	1	0	1	**1**	0	0	0
패리티 비트	P_1	P_2	정보비트	P_3	정보비트	정보비트	정보비트	P_4	정보비트

정보비트(Data bit)는 '비트번호가 3, 5, 6, 7, 9번째'인 곳에 배치되어 있다. 별도로 비트 상태 언급이 없다면 최상위(MSB) 비트는 좌측에 최하위(LSB) 비트는 우측에 있는 것으로 본다. 1(MSB) 1 1 0 0(LSB) | 'MSB → LSB' 방향을 따라 값을 구한다.

▶ 정보비트 $11100_{(2)}$을 10진수의 값으로 계산하면 **28**이 된다.

※ 최하위 비트가 좌측에 최상위 비트는 우측에 위치한다고 언급된다면 아래 그림의 화살표 방향을 따라 값을 구한다.

LSB ← MSB

정보비트 $00111_{(2)}$을 10진수의 값으로 계산, 7임을 확인한다.

문제
다음의 질문에 대해 답하시오. 잡음이 전혀 없는(존재하지 않는) 이상적인 통신 채널에서의 채널용량을 구하시오.
정답 및 풀이

정답) $C_{[bps]} = 2B \times \log_2 M$ (C=채널용량, B=대역폭, M=신호레벨)

$$C_{[bps]} = 2B \times \log_2 M$$

해당 문제는 상기 나이퀴스트(Nyquist)의 채널 용량 공식을 표기 후 C, B, M에 대하여 설명할 필요가 있다.

C는 채널용량을 의미하며 단위는 bps

B는 대역폭을 의미함

M은 신호레벨을 의미함

한편, 하기 클로드 섀넌(Shannon)의 채널 용량 공식은 잡음의 존재를 언급하는 경우에 사용된다.

$$C_{[bps]} = B \times \log_2 (1 + S/N)$$

문제
전송 신호가 QPSK 방식을 사용하고, 시스템의 변조 속도는 2400[Baud]라고 한다. 이 때 전송 신호 속도 [bps]는 얼마인지 구하시오.
정답 및 풀이

정답) 4800 bps

$$bps = Baud \times 단위\ 신호\ 당\ 비트수$$

▶ 문제에 언급된 QPSK 방식의 단위 신호 당 비트수는 2bit

$$\log_2 4 = 2$$

▷ 위의 bps 식에 따라 Baud에는 2400을 대입한다.

$$bps = 2400_{Baud} \times 2_{bit}$$

$$속도 = 4800\ bps$$

cf)

❶ BPSK 방식의 단위 신호 당 비트수는 1bit로 구성

❷ QPSK 방식의 단위 신호 당 비트수는 2bit로 구성

❸ 8PSK 방식의 단위 신호 당 비트수는 3bit로 구성

❹ 16QAM 방식의 단위 신호 당 비트수는 4bit로 구성

❺ 64QAM 방식의 단위 신호 당 비트수는 6bit로 구성

❻ 128QAM 방식의 단위 신호 당 비트수는 7bit로 구성

문제

4-PSK 변조파를 100M symbols/s로 전송할 때 정보 비트의 전송 속도는 얼마인지 구하시오.

정답 및 풀이

정답) 200[Mbps]

▶ M은 위상 편이 방식의 상태 수치를 의미한다.
n은 위상 편이 방식의 비트 수를 의미한다.
문제에 언급된 4-PSK(4위상 편이 변조)의 경우, M은 4이다.

$$M = 2^n$$
$$4 = 2^n$$
$$\log_2 4 = \log_2 2^n$$
$$2 = n$$

▶ bps = symbols/s × 단위 신호 당 비트수

symbols/s를 Baud로 간주하고 해당 문제를 해결하도록 한다.

$$bps = symbols/s × n \ bit$$

$$\square \ bps = 100M \ symbols/s × 2 \ bit$$

$$\therefore 200Mbps$$

문제
첨두 전력이 200KW, 평균 전력이 120W이고 주파수 값이 1KHz일 때, 펄스 폭이 얼마인지 구하시오.
정답 및 풀이

정답) $0.6\mu s$

▶ 주파수 값을 통해 주기를 구한다.

$$f = \frac{1}{주기} \Rightarrow 1KHz = \frac{1}{주기} \Rightarrow 주기 = 1ms = (10^{-3})$$

▷ 펄스 폭에 대해서는 아래의 식을 참고하도록 한다.

$$D(듀티사이클) = \frac{펄스폭}{주기} = \frac{평균전력}{첨두전력}$$

$$펄스폭 = \frac{평균전력 \times 주기}{첨두전력}$$

$$펄스폭 = \frac{120 \times 1ms}{200KW}$$

$$펄스폭 = \frac{120 \times 10^{-3}}{200 \times 10^{3}} = \frac{12}{20} \times \frac{10^{-2}}{10^{4}} = 0.6 \times 10^{-6}$$

$$펄스폭 = 0.6 \times 10^{-6} = 0.6 \times 1\mu s$$

$$\therefore 0.6\mu s$$

계산 070

문제

U=111101, V=101011일 때 해밍 거리(Hamming Distance)가 얼마인지 구하시오.

정답 및 풀이

정답) 3

▷ 해밍 거리(Hamming Distance)란 동일한 비트 수를 갖는 2진 부호 사이에 대응되는 비트 값이 일치하지 않는 개수를 의미한다.

∥ → 상호 비트 값 일치를 의미함
≠ → 상호 비트 값 불일치를 의미함

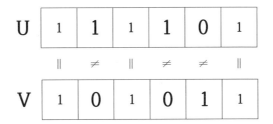

세 개의 위치에서, 대응되는 비트 값이 일치하지 않음을 확인할 수 있다.

∴ 해밍 거리는 3

계산 071

문제

어떤 수신 부호의 최소 해밍 거리(Hamming Distance) d_{min}이 5라고 한다. 각각의 질문에 대해 답하시오.

㉮ 검출 가능한 최대 오류 개수는 얼마인지 계산하시오.

㉯ 정정 가능한 최대 오류 개수가 얼마인지 계산하시오.

정답 및 풀이

정답) ㉮ 4개 / ㉯ 2개

㉮ 검출 가능한 최대 오류의 개수 T_d

$$T_d = d_{\min} - 1$$

$$T_d = 5 - 1$$

$$\therefore T_d = 4$$

㉯ 정정 가능한 최대 오류의 개수 T_c

$$T_c = \frac{(d_{\min} - 1)}{2}$$

$$T_c = \frac{(5 - 1)}{2} = \frac{4}{2}$$

$$\therefore T_c = 2$$

문제

아래의 그림을 보고 콜라우시 브리지 회로의 저항 값 X를 구하시오.(R은 100Ω, L_1은 30cm, L_2는 20cm임을 확인하시오.)

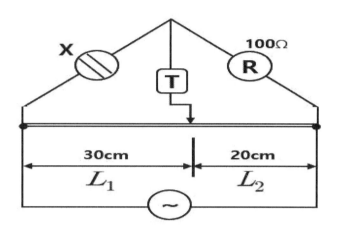

정답 및 풀이

정답) 150Ω

$$X = \frac{L_1}{L_2} \times R$$

콜라우시 브리지 회로의 저항 값 X는 상기 공식을 이용해 구할 수 있다.

$$X = \frac{30cm}{20cm} \times 100\,\Omega$$

$$X = \frac{3000}{20}$$

$$X = 150$$

$$\therefore 150\,\Omega$$

문제

다음 프로토콜 분석기의 설정을 보고, 문제의 빈칸에 알맞은 답을 서술하시오.

◀ CONFIGURATION ▶	▥ SELECT ▥
R-SPEED : 9600 S-SPEED : 9600 CODE : ASCII CHAR BIT : 8 PARITY : NONE PUSH PAGE DOWN	0 : ASYNC 1 : ASYNC<PPP>

프로토콜 분석기 설정 이해

송신 속도	
수신 속도	
패리티 사용 여부	
프로토콜 방식	
문자 비트 수	
부호 방식	

정답 및 풀이

송신 속도	9600 [bps]
수신 속도	9600 [bps]
패리티 사용 여부	NONE
프로토콜 방식	ASYNC(비동기)
문자 비트 수	8[bit]
부호 방식	아스키 코드

문제

A전화국에서 B방향으로 포설된 0.4mm 1800p 케이블에 고장이 발생했고 길이는 1250m이다. A전화국 실험실에서 L3 시험기로 바레이법에 의해 측정할 때 고장위치는?

(바레이 3법 저항값은 335Ω, 바레이 2법 저항값은 245Ω, 바레이 1법 저항값은 142Ω이다. 고장위치는 반올림하여 소수점 첫째자리까지 표기하시오.)

정답 및 풀이

정답) $582.9m$

바레이법을 이용한 고장 위치 측정은 아래의 공식을 통해 구할 수 있다.

$$L_x = \frac{R_3 - R_2}{R_3 - R_1} \times L[m]$$

① L_x는 고장 위치를 의미한다. 반면, L은 케이블의 길이를 의미한다.

② R_1, R_2, R_3은 각각 바레이 제1법, 제2법, 제3법 저항값을 뜻한다.

$$L_x = \frac{R_3 - R_2}{R_3 - R_1} \times L[m] = \frac{335 - 245}{335 - 142} \times 1250[m]$$

$$\therefore 582.901 \cdots m$$

핵심

정보통신

實務問題

문제 및 정답

다음의 그림은 어떤 명령어를 사용했을 때 나타나는 출력 메시지인지 적으시오. 정답) route print

```
C:\Users\Administrator>

인터페이스 목록
 13...90 a4 de a9 3a 3e ......Broadcom 802.11n 네트워크 어댑터
  1...........................Software Loopback Interface 1
 16...00 00 00 00 00 00 00 e0 Microsoft ISATAP Adapter

IPv4 경로 테이블

활성 경로:
네트워크 대상        네트워크 마스크           게이트웨이         인터페이스      메트릭
        0.0.0.0          0.0.0.0       192.168.0.1    192.168.0.50       25
      127.0.0.0        255.0.0.0           연결됨         127.0.0.1      306
      127.0.0.1  255.255.255.255           연결됨         127.0.0.1      306
127.255.255.255  255.255.255.255           연결됨         127.0.0.1      306
    192.168.0.0    255.255.255.0           연결됨      192.168.0.50      281
   192.168.0.50  255.255.255.255           연결됨      192.168.0.50      281
  192.168.0.255  255.255.255.255           연결됨      192.168.0.50      281
      224.0.0.0        240.0.0.0           연결됨         127.0.0.1      306
      224.0.0.0        240.0.0.0           연결됨      192.168.0.50      281
255.255.255.255  255.255.255.255           연결됨         127.0.0.1      306
255.255.255.255  255.255.255.255           연결됨      192.168.0.50      281

영구 경로:
없음
```

정답 풀이

```
C:\Users\Administrator>route print

인터페이스 목록
 13...90 a4 de a9 3a 3e ......Broadcom 802.11n 네트워크 어댑터
  1...........................Software Loopback Interface 1
 16...00 00 00 00 00 00 00 e0 Microsoft ISATAP Adapter

IPv4 경로 테이블

활성 경로:
네트워크 대상        네트워크 마스크           게이트웨이         인터페이스      메트릭
        0.0.0.0          0.0.0.0       192.168.0.1    192.168.0.50       25
      127.0.0.0        255.0.0.0           연결됨         127.0.0.1      306
      127.0.0.1  255.255.255.255           연결됨         127.0.0.1      306
127.255.255.255  255.255.255.255           연결됨         127.0.0.1      306
    192.168.0.0    255.255.255.0           연결됨      192.168.0.50      281
   192.168.0.50  255.255.255.255           연결됨      192.168.0.50      281
  192.168.0.255  255.255.255.255           연결됨      192.168.0.50      281
      224.0.0.0        240.0.0.0           연결됨         127.0.0.1      306
      224.0.0.0        240.0.0.0           연결됨      192.168.0.50      281
255.255.255.255  255.255.255.255           연결됨         127.0.0.1      306
255.255.255.255  255.255.255.255           연결됨      192.168.0.50      281

영구 경로:
없음
```

문제 및 정답

다음의 그림은 어떤 명령어를 사용했을 때 나타나는 출력 메시지인지 적으시오. 정답) ping

```
C:\Users\Administrator>▯▯▯▯ 121.166.204.2

Ping 121.166.204.2 32바이트 데이터 사용:
요청 시간이 만료되었습니다.
요청 시간이 만료되었습니다.
요청 시간이 만료되었습니다.
요청 시간이 만료되었습니다.

121.166.204.2에 대한 Ping 통계:
    패킷: 보냄 = 4, 받음 = 0, 손실 = 4 (100% 손실),

C:\Users\Administrator>▯▯▯▯ 121.166.204.1

Ping 121.166.204.1 32바이트 데이터 사용:
121.166.204.1의 응답: 바이트=32 시간=3ms TTL=254
121.166.204.1의 응답: 바이트=32 시간=1ms TTL=254
121.166.204.1의 응답: 바이트=32 시간=2ms TTL=254
121.166.204.1의 응답: 바이트=32 시간=3ms TTL=254

121.166.204.1에 대한 Ping 통계:
    패킷: 보냄 = 4, 받음 = 4, 손실 = 0 (0% 손실),
왕복 시간(밀리초):
    최소 = 1ms, 최대 = 3ms, 평균 = 2ms
```

정답 풀이

```
C:\Users\Administrator>ping 121.166.204.2

Ping 121.166.204.2 32바이트 데이터 사용:
요청 시간이 만료되었습니다.
요청 시간이 만료되었습니다.
요청 시간이 만료되었습니다.
요청 시간이 만료되었습니다.

121.166.204.2에 대한 Ping 통계:
    패킷: 보냄 = 4, 받음 = 0, 손실 = 4 (100% 손실),

C:\Users\Administrator>ping 121.166.204.1

Ping 121.166.204.1 32바이트 데이터 사용:
121.166.204.1의 응답: 바이트=32 시간=3ms TTL=254
121.166.204.1의 응답: 바이트=32 시간=1ms TTL=254
121.166.204.1의 응답: 바이트=32 시간=2ms TTL=254
121.166.204.1의 응답: 바이트=32 시간=3ms TTL=254

121.166.204.1에 대한 Ping 통계:
    패킷: 보냄 = 4, 받음 = 4, 손실 = 0 (0% 손실),
왕복 시간(밀리초):
    최소 = 1ms, 최대 = 3ms, 평균 = 2ms
```

문제 및 정답

다음의 그림은 어떤 명령어를 사용했을 때 나타나는 출력 메시지인지 적으시오. 정답) netstat

```
C:\Users\Administrator>

활성 연결

  프로토콜  로컬 주소              외부 주소                상태
  TCP      192.168.0.50:1034      203.133.165.21:1883      ESTABLISHED
  TCP      192.168.0.50:1526      183.111.69.155:15100     ESTABLISHED
  TCP      192.168.0.50:1696      a23-212-13-19:https      ESTABLISHED
  TCP      192.168.0.50:1868      117.123.114.88:5553      SYN_SENT
```

정답 풀이

```
C:\Users\Administrator>netstat

활성 연결

  프로토콜  로컬 주소              외부 주소                상태
  TCP      192.168.0.50:1034      203.133.165.21:1883      ESTABLISHED
  TCP      192.168.0.50:1526      183.111.69.155:15100     ESTABLISHED
  TCP      192.168.0.50:1696      a23-212-13-19:https      ESTABLISHED
  TCP      192.168.0.50:1868      117.123.114.88:5553      SYN_SENT
```

문제 및 정답

다음의 그림은 어떤 명령어를 사용했을 때 나타나는 출력 메시지인지 적으시오. 정답) ipconfig /all

```
C:\Users\Administrator>
Windows IP 구성

    호스트 이름 . . . . . . . . . : John-PC
    주 DNS 접미사 . . . . . . . . :
    노드 유형 . . . . . . . . . . : 혼성
    IP 라우팅 사용 . . . . . . . . : 아니요
    WINS 프록시 사용 . . . . . . . : 아니요
    DNS 접미사 검색 목록 . . . . . : Dlink

무선 LAN 어댑터 무선 네트워크 연결:

    연결별 DNS 접미사 . . . . : Dlink
    설명 . . . . . . . . . . . : Broadcom 802.11n 네트워크 어댑터
    물리적 주소 . . . . . . . . : 90-A4-DE-A9-3A-3E
    DHCP 사용 . . . . . . . . . : 예
    자동 구성 사용 . . . . . . . : 예
    링크-로컬 IPv6 주소 . . . . : fe80::b0e1:e1e2:dff3:8581%13(기본 설정)
    IPv4 주소 . . . . . . . . . : 192.168.0.50(기본 설정)
    서브넷 마스크 . . . . . . . : 255.255.255.0
    임대 시작 날짜 . . . . . . . : 2019년 2월 17일 일요일 오후 11:25:19
    임대 만료 날짜 . . . . . . . : 2019년 2월 18일 월요일 오후 11:25:41
    기본 게이트웨이 . . . . . . . : 192.168.0.1
    DHCP 서버 . . . . . . . . . : 192.168.0.1
    DHCPv6 IAID . . . . . . . . : 294692062
    DHCPv6 클라이언트 DUID . . . : 00-01-00-01-23-19-85-4B-90-A4-DE-A9-3A-3E
    DNS 서버 . . . . . . . . . : 192.168.0.1
    Tcpip를 통한 NetBIOS . . . . : 사용
```

정답 풀이

```
C:\Users\Administrator>ipconfig /all
Windows IP 구성

    호스트 이름 . . . . . . . . . : John-PC
    주 DNS 접미사 . . . . . . . . :
    노드 유형 . . . . . . . . . . : 혼성
    IP 라우팅 사용 . . . . . . . . : 아니요
    WINS 프록시 사용 . . . . . . . : 아니요
    DNS 접미사 검색 목록 . . . . . : Dlink

무선 LAN 어댑터 무선 네트워크 연결:

    연결별 DNS 접미사 . . . . : Dlink
    설명 . . . . . . . . . . . : Broadcom 802.11n 네트워크 어댑터
    물리적 주소 . . . . . . . . : 90-A4-DE-A9-3A-3E
    DHCP 사용 . . . . . . . . . : 예
    자동 구성 사용 . . . . . . . : 예
    링크-로컬 IPv6 주소 . . . . : fe80::b0e1:e1e2:dff3:8581%13(기본 설정)
    IPv4 주소 . . . . . . . . . : 192.168.0.50(기본 설정)
    서브넷 마스크 . . . . . . . : 255.255.255.0
    임대 시작 날짜 . . . . . . . : 2019년 2월 17일 일요일 오후 11:25:19
    임대 만료 날짜 . . . . . . . : 2019년 2월 18일 월요일 오후 11:25:41
    기본 게이트웨이 . . . . . . . : 192.168.0.1
    DHCP 서버 . . . . . . . . . : 192.168.0.1
    DHCPv6 IAID . . . . . . . . : 294692062
    DHCPv6 클라이언트 DUID . . . : 00-01-00-01-23-19-85-4B-90-A4-DE-A9-3A-3E
    DNS 서버 . . . . . . . . . : 192.168.0.1
    Tcpip를 통한 NetBIOS . . . . : 사용
```

문제 및 정답

다음의 그림은 어떤 명령어를 사용했을 때 나타나는 출력 메시지인지 적으시오. 정답) tracert

```
C:\Users\Administrator>          121.166.204.1

최대 30홉 이상의 121.166.204.1(으)로 가는 경로 추적

  1     1 ms     6 ms    <1 ms  dlinkap.local [192.168.0.1]
  2     1 ms     2 ms     1 ms  121.166.204.1

추적을 완료했습니다.
```

정답 풀이

```
C:\Users\Administrator>tracert 121.166.204.1

최대 30홉 이상의 121.166.204.1(으)로 가는 경로 추적

  1     1 ms     6 ms    <1 ms  dlinkap.local [192.168.0.1]
  2     1 ms     2 ms     1 ms  121.166.204.1

추적을 완료했습니다.
```

문제 및 정답

다음의 그림은 어떤 명령어를 사용했을 때 나타나는 출력 메시지인지 적으시오. 정답) pathping

```
C:\Users\Administrator>          121.166.204.1

최대 30홉 이상의 121.166.204.1(으)로 가는 경로 추적

  0  John-PC.Dlink [192.168.0.50]
  1  dlinkap.local [192.168.0.1]
  2  121.166.204.1

50초 동안 통계 계산 중...
            여기에 공급        이 노드/링크
홉   RTT    손실/보냄 = Pct   손실/보냄 = Pct   주소
  0                                          John-PC.Dlink [192.168.0.50]
                            0/ 100 =  0%    |
  1   3ms   0/ 100 =  0%    0/ 100 =  0%    dlinkap.local [192.168.0.1]
                            0/ 100 =  0%    |
  2   4ms   0/ 100 =  0%    0/ 100 =  0%    121.166.204.1

추적을 완료했습니다.
```

정답 풀이

```
C:\Users\Administrator>pathping 121.166.204.1

최대 30홉 이상의 121.166.204.1(으)로 가는 경로 추적

  0  John-PC.Dlink [192.168.0.50]
  1  dlinkap.local [192.168.0.1]
  2  121.166.204.1

50초 동안 통계 계산 중...
            여기에 공급        이 노드/링크
홉   RTT    손실/보냄 = Pct   손실/보냄 = Pct   주소
  0                                          John-PC.Dlink [192.168.0.50]
                            0/ 100 =  0%    |
  1   3ms   0/ 100 =  0%    0/ 100 =  0%    dlinkap.local [192.168.0.1]
                            0/ 100 =  0%    |
  2   4ms   0/ 100 =  0%    0/ 100 =  0%    121.166.204.1

추적을 완료했습니다.
```

문제 및 정답

다음의 그림은 어떤 명령어를 사용했을 때 나타나는 출력 메시지인지 적으시오. 정답) nslookup

```
C:\Users\Administrator>            nate.com
서버:      dlinkap.local
Address:   192.168.0.1

권한 없는 응답:
이름:    nate.com
Addresses:  120.50.132.112
         120.50.131.112
```

정답 풀이

```
C:\Users\Administrator>nslookup nate.com
서버:      dlinkap.local
Address:   192.168.0.1

권한 없는 응답:
이름:    nate.com
Addresses:  120.50.132.112
         120.50.131.112
```

문제 및 정답

다음의 그림은 어떤 명령어를 사용했을 때 나타나는 출력 메시지인지 적으시오. 정답) net user

```
C:\Users\Administrator>net
이 명령에 대한 구문:

NET
    [ ACCOUNTS | COMPUTER | CONFIG | CONTINUE | FILE | GROUP | HELP |
      HELPMSG | LOCALGROUP | PAUSE | SESSION | SHARE | START |
      STATISTICS | STOP | TIME | USE | USER | VIEW ]

C:\Users\Administrator>

\\JOHN-PC에 대한 사용자 계정

-------------------------------------------------------------------
Administrator                 Guest
명령을 잘 실행했습니다.
```

정답 풀이

```
C:\Users\Administrator>net
이 명령에 대한 구문:

NET
    [ ACCOUNTS | COMPUTER | CONFIG | CONTINUE | FILE | GROUP | HELP |
      HELPMSG | LOCALGROUP | PAUSE | SESSION | SHARE | START |
      STATISTICS | STOP | TIME | USE | USER | VIEW ]

C:\Users\Administrator>net user

\\JOHN-PC에 대한 사용자 계정

-------------------------------------------------------------------
Administrator                 Guest
명령을 잘 실행했습니다.
```

문제 및 정답

다음의 그림은 어떤 명령어를 사용했을 때 나타나는 출력 메시지인지 적으시오. 정답) net share

```
C:\Users\Administrator>net
이 명령에 대한 구문:

NET
    [ ACCOUNTS | COMPUTER | CONFIG | CONTINUE | FILE | GROUP | HELP |
    HELPMSG | LOCALGROUP | PAUSE | SESSION | SHARE | START |
    STATISTICS | STOP | TIME | USE | USER | VIEW ]

C:\Users\Administrator>

공유 이름     리소스                            설명

----------------------------------------------------------------------
C$                 C:\                               기본 공유
D$                 D:\                               기본 공유
IPC$                                                 원격 IPC
ADMIN$             C:\Windows                        원격 관리
명령을 잘 실행했습니다.
```

정답 풀이

```
C:\Users\Administrator>net
이 명령에 대한 구문:

NET
    [ ACCOUNTS | COMPUTER | CONFIG | CONTINUE | FILE | GROUP | HELP |
    HELPMSG | LOCALGROUP | PAUSE | SESSION | SHARE | START |
    STATISTICS | STOP | TIME | USE | USER | VIEW ]

C:\Users\Administrator>net share

공유 이름     리소스                            설명

----------------------------------------------------------------------
C$                 C:\                               기본 공유
D$                 D:\                               기본 공유
IPC$                                                 원격 IPC
ADMIN$             C:\Windows                        원격 관리
명령을 잘 실행했습니다.
```

다음의 그림은 어떤 명령어를 사용했을 때 나타나는 출력 메시지인지 적으시오. 정답) nbtstat -n

```
C:\Users\Administrator>

무선 네트워크 연결:
노드 IpAddress: [192.168.0.50] 범위 ID: []

        NetBIOS 로컬 이름 테이블

    이름              유형        상태
    ---------------------------------------------
    JOHN-PC       <00>  UNIQUE    등록됨
    WORKGROUP     <00>  GROUP     등록됨
    JOHN-PC       <20>  UNIQUE    등록됨
```

정답 풀이

```
C:\Users\Administrator>nbtstat -n

무선 네트워크 연결:
노드 IpAddress: [192.168.0.50] 범위 ID: []

        NetBIOS 로컬 이름 테이블

    이름              유형        상태
    ---------------------------------------------
    JOHN-PC       <00>  UNIQUE    등록됨
    WORKGROUP     <00>  GROUP     등록됨
    JOHN-PC       <20>  UNIQUE    등록됨
```

문제 및 정답

다음의 그림은 어떤 명령어를 사용했을 때 나타나는
출력 메시지인지 적으시오. 정답) arp -a

```
C:\Users\Administrator>
인터페이스: 169.254.133.129 --- 0xd
  인터넷 주소                물리적 주소              유형
  169.254.255.255          ff-ff-ff-ff-ff-ff       정적
  192.168.0.1             28-3b-82-60-b1-bc       동적
  224.0.0.2               01-00-5e-00-00-02       정적
  224.0.0.22              01-00-5e-00-00-16       정적
  224.0.0.251             01-00-5e-00-00-fb       정적
  224.0.0.252             01-00-5e-00-00-fc       정적
  228.8.8.8               01-00-5e-08-08-08       정적
  239.255.255.250         01-00-5e-7f-ff-fa       정적
  255.255.255.255         ff-ff-ff-ff-ff-ff       정적
```

정답 풀이

```
C:\Users\Administrator>arp -a
인터페이스: 169.254.133.129 --- 0xd
  인터넷 주소                물리적 주소              유형
  169.254.255.255          ff-ff-ff-ff-ff-ff       정적
  192.168.0.1             28-3b-82-60-b1-bc       동적
  224.0.0.2               01-00-5e-00-00-02       정적
  224.0.0.22              01-00-5e-00-00-16       정적
  224.0.0.251             01-00-5e-00-00-fb       정적
  224.0.0.252             01-00-5e-00-00-fc       정적
  228.8.8.8               01-00-5e-08-08-08       정적
  239.255.255.250         01-00-5e-7f-ff-fa       정적
  255.255.255.255         ff-ff-ff-ff-ff-ff       정적
```

문제 및 정답

다음의 그림은 어떤 명령어를 사용했을 때 나타나는 출력 메시지인지 적으시오. 정답) ipconfig

```
C:₩Users₩Administrator>

Windows IP 구성

무선 LAN 어댑터 무선 네트워크 연결:

    연결별 DNS 접미사. . . . :
    링크-로컬 IPv6 주소 . . . . . : fe80::b0e1:e1e2:dff3:8581%13
    자동 구성 IPv4 주소 . . . . : 169.254.133.129
    서브넷 마스크 . . . . . . . : 255.255.0.0
    기본 게이트웨이 . . . . . . :

터널 어댑터 isatap.{A982D403-63F9-4C20-8BB1-3F3DFDF2FAA0}:

    미디어 상태 . . . . . . . : 미디어 연결 끊김
    연결별 DNS 접미사. . . . :
```

정답 풀이

```
C:₩Users₩Administrator>ipconfig

Windows IP 구성

무선 LAN 어댑터 무선 네트워크 연결:

    연결별 DNS 접미사. . . . :
    링크-로컬 IPv6 주소 . . . . . : fe80::b0e1:e1e2:dff3:8581%13
    자동 구성 IPv4 주소 . . . . : 169.254.133.129
    서브넷 마스크 . . . . . . . : 255.255.0.0
    기본 게이트웨이 . . . . . . :

터널 어댑터 isatap.{A982D403-63F9-4C20-8BB1-3F3DFDF2FAA0}:

    미디어 상태 . . . . . . . : 미디어 연결 끊김
    연결별 DNS 접미사. . . . :
```

문제

다음의 그림을 보고 MAC 주소의 정보를 알 수 있다.
MAC 주소를 적으시오.

```
연결별 DNS 접미사. . . . : Dlink
설명. . . . . . . . . . . : Broadcon 802.11n 네트워크 어댑터
물리적 주소 . . . . . . . : 90-A4-DE-A9-3A-3E
DHCP 사용 . . . . . . . . : 예
자동 구성 사용. . . . . . : 예
링크-로컬 IPv6 주소 . . . : fe80::b0e1:e1e2:dff3:8581%13<기본 설정>
IPv4 주소 . . . . . . . . : 192.168.0.50<기본 설정>
서브넷 마스크 . . . . . . : 255.255.255.0
임대 시작 날짜. . . . . . : 2019년 2월 17일 일요일 오후 11:25:19
임대 만료 날짜. . . . . . : 2019년 2월 18일 월요일 오후 11:25:41
기본 게이트웨이 . . . . . : 192.168.0.1
DHCP 서버 . . . . . . . . : 192.168.0.1
DHCPv6 IAID . . . . . . . : 294692062
DHCPv6 클라이언트 DUID. . : 00-01-00-01-23-19-85-4B-90-A4-DE-A9-3A-3E
DNS 서버. . . . . . . . . : 192.168.0.1
Tcpip를 통한 NetBIOS. . . : 사용
```

정답 풀이

정답) 90-A4-DE-A9-3A-3E

```
연결별 DNS 접미사. . . . : Dlink
설명. . . . . . . . . . . : Broadcon 802.11n 네트워크 어댑터
물리적 주소 . . . . . . . : 90-A4-DE-A9-3A-3E
DHCP 사용 . . . . . . . . : 예
자동 구성 사용. . . . . . : 예
링크-로컬 IPv6 주소 . . . : fe80::b0e1:e1e2:dff3:8581%13<기본 설정>
IPv4 주소 . . . . . . . . : 192.168.0.50<기본 설정>
서브넷 마스크 . . . . . . : 255.255.255.0
임대 시작 날짜. . . . . . : 2019년 2월 17일 일요일 오후 11:25:19
임대 만료 날짜. . . . . . : 2019년 2월 18일 월요일 오후 11:25:41
기본 게이트웨이 . . . . . : 192.168.0.1
DHCP 서버 . . . . . . . . : 192.168.0.1
DHCPv6 IAID . . . . . . . : 294692062
DHCPv6 클라이언트 DUID. . : 00-01-00-01-23-19-85-4B-90-A4-DE-A9-3A-3E
DNS 서버. . . . . . . . . : 192.168.0.1
Tcpip를 통한 NetBIOS. . . : 사용
```

문제 및 정답

다음의 그림은 어떤 명령어를 사용했을 때 나타나는 출력 메시지인지 적으시오. 정답) net config server

```
C:\Users\Administrator>
서버 이름                                    \\JOHN-PC
서버 설명

소프트웨어 버전                              Windows 7 Enterprise
서버 활성화
        NetbiosSmb (JOHN-PC)
        NetBT_Tcpip_{A982D403-63F9-4C20-8BB1-3F3DFDF2FAA0} (JOHN-PC)


서버 숨겨짐                                  아니요
로그온 사용자 최대 수                        20
세션당 열 수 있는 파일의 최대 수             16384

유휴 세션 시간 (분)                          15
명령을 잘 실행했습니다.
```

정답 풀이

```
C:\Users\Administrator>net config server
서버 이름                                    \\JOHN-PC
서버 설명

소프트웨어 버전                              Windows 7 Enterprise
서버 활성화
        NetbiosSmb (JOHN-PC)
        NetBT_Tcpip_{A982D403-63F9-4C20-8BB1-3F3DFDF2FAA0} (JOHN-PC)


서버 숨겨짐                                  아니요
로그온 사용자 최대 수                        20
세션당 열 수 있는 파일의 최대 수             16384

유휴 세션 시간 (분)                          15
명령을 잘 실행했습니다.
```

핵심

정보통신

實務索引

핵심

정보통신

合格後記

이 책을 가지고 합격하였습니다.

내용 ★★★★★ 편집/디자인 ★★★★★ | ▓▓▓ | 2019-09-06

온고지신 책은 현재 나와있는 서적 중에 제일 정리가 잘 되어 있는 것 같습니다. 과년도를 잘 정리되어 있으며, 가장 근접한 정답을 제기해 주었기 때문에 합격이라는 좋은 결과가 나온 것 같습니다. 3회차 필답 준비하시는 분들께서는 이 책을 가지고 공부하시는 것을 추천드립니다. 수험자 입장에서 이 책을 만드신 분들께 정말 감사하다는 말씀을 드리고 싶습니다...

1명이 이 리뷰를 추천합니다. ♡ 1   댓글 1 >

펼쳐보기 ∨

구매

정보통신기사 합격

내용 ★★★★★ 편집/디자인 ★★★★★ ▓▓▓ | 2019-09-06

작년부터 실기를 준비했지만 책을 구입하고 이번에 합격했습니다온고지신책은 과년도 문제중심으로 잘 정리되어 나와서 보기 편했습니다 또한 다른 책처럼 중복되는 문제들이 없어서 좋았어요!과년도 서술형과 단답형,계산문제,원어문제,프로그램?보는문제로 딱 정리가 되어있어요!그리고 문제를 외웠고 나중에 복습과 문제를 풀어볼수있도록 따로 문제만 써있는 부_

이 리뷰가 도움이 되었나요? ♡ 0   댓글 0 >

펼쳐보기 ∨

온고지신이 답이다.

내용 ★★★★★ 편집/디자인 ★★★★★ ▓▓▓ | 2019-09-06

작년부터 정보통신기사 시험을 준비하였습니다.이번 2회차 최종합격을 하여 이제서야 리뷰를 쓰게되네요 ㅎㅎ필기는 과년도로 합격을 하였지만 필답은 어떻게 공부해야할지 막막하여 고민을 엄청 했습니다.그러던 와중에 온고지신이라는 책이 출판이 되면서 고민을 덜어놨습니다.정확한 답과 그에 맞는 해설로 확실하게 답을 외우고 이해할수있게 되었습니다.특히 계_

이 리뷰가 도움이 되었나요? ♡ 0   댓글 0 >

펼쳐보기 ∨

구매

수험서

내용 ★★★★★ 편집/디자인 ★★★★★ ▓▓▓ | 2019-09-06

두번의 실기시험 불합격, 해답은 온고지신에 있었습니다. 수험생의 자격증 취득 목적에 가장 빠른 답을 주는 교재입니다.다른 학원들 교재에 비하여 구성이나 내용면에서 가장 우수한것같습니다.1년간의 3번의 시험 끝에 자격증을 따게 되어너무 기쁩니다. 이책은 나중에이직할때 전공 시험에서도 유용하게 쓰일것같습니다. 마지막으로 저자님께 감사의 말씀 드리고...

이 리뷰가 도움이 되었나요? ♡ 0   댓글 0 >

펼쳐보기 ∨

포토리뷰

온고지신 후기

내용 ★★★★★ 편집/디자인 ★★★★★ ▓▓▓ | 2019-06-01

 정보통신 기사 실기를 위한 책이라고 할수 있겠네요후기를 예전부터 쓰려고 하였지만 정보통신 합격 통보를 받고서야 후기를 쓰게 되네요 ㅎ정보통신기사 공부하시는 분들에게 이글이 많은 도움이 되었으면 좋겠습니다.이번 2019 1회차 준비하면서 구입하게 된 책입니다.정통 실기 준비에서 빠지지 않는 기본 기출 문제 책이 되지 않을까 생각합니다.이책의 장점 중...

ICT Convergence

융합의 시대

정보통신

학습은

필수입니다

must do IT

2025 온고지신 정보통신기사 실기 N제

1판 1쇄 발행 2025년 02월 13일

저자 김태형

편집 김다인　**마케팅·지원** 김혜지

펴낸곳 (주)하움출판사　**펴낸이** 문현광

이메일 haum1000@naver.com　**홈페이지** haum.kr
블로그 blog.naver.com/haum1000　**인스타그램** @haum1007

ISBN 979-11-94276-88-3(93560)

좋은 책을 만들겠습니다.
하움출판사는 독자 여러분의 의견에 항상 귀 기울이고 있습니다.
파본은 구입처에서 교환해 드립니다.